Reología
para Ceramistas

Dennis R. Dinger

Reología para Ceramistas

Copyright © 2010
Dennis R. Dinger
First Edition

ISBN   978-0-557-81664-4

Published by C B Dinger

Contenidos

iv

Prefacio

El objeto principal de éste, el segundo volumen de mi serie para ceramistas, ha sido producir un pequeño libro de referencia que explique los tópicos fundamentales de reología que cada ceramista debe comprender.

Durante mis viajes, he visto muchas plantas con sistemas bien diseñados para fluidos simples, pero que se estaban usando para transportar suspensiones. En muchas maneras, los comportamientos viscosos de suspensiones son muy similares a los comportamientos viscosos de los fluidos simples, pero existen igualmente muchas formas en que los comportamientos de suspensiones difieren notablemente de los comportamientos de los fluidos simples.

La más importante de estas diferencias es que las suspensiones contienen partículas. ¡Por supuesto, esto es obvio! Pero las partículas suspendidas pueden sedimentarse; pueden chocar una con otra; pueden erodar los interiores de bombas y tuberías; se pueden amontonar y causar problemas; se pueden romper y cambiar tamaño durante el flujo; etc. Ninguno de estos fenómenos puede ocurrir cuando el tubo contiene sólo fluidos simples. Es absolutamente necesario considerar todos estos fenómenos cuando el tubo contiene suspensiones.

Entonces, además de todas estas consideraciones específicas de las suspensiones, los ceramistas deben enfrentarse con reologías complejas, lo que es común en suspensiones pero casi nunca en los fluidos simples.

Las reologías complejas, que caracterizan suspensiones, se tratan como tópicos o temas avanzados en la mayor parte de los planes de estudios universitarios. Sólo en los planes de estudios de cerámica, las propiedades reológicas son tópicos normales en los cursos introductorios de procesamiento.

Un problema en la asignatura de reología es que la mayor parte de los libros de texto están escritos para genios matemáticos. El Cálculo y las ecuaciones diferenciales son cursos que la mayor parte de los ceramistas toman solamente porque son obligatorios. Esto se aplica también a mí, así pues que cuando busco un libro de texto para tratar de aprender algo sobre reología, lo abro aleatoriamente y me encuentro con 42 ecuaciones diferenciales en cada página, inmediatamente lo cierro y lo devuelvo a su anaquel.

Yo sé que existea la necesidad de contar con un libro de texto que explique reología en términos simples. He tratado de escribir ese libro de texto.

Siendo un jovencito, yo pasé una gran cantidad de tiempo con mi abuelo de Pennsylvania Dutch y aprendí a hablar Inglés con un acento muy pesado. Desde entonces, yo me librado de la mayor parte del acento (aunque mi esposa podría discrepar), también he escrito mucho y he mejorado mucho mi Inglés (de todas maneras creo que sí). Yo no uso las palabras complejas y rebuscadas en mi escritura porque no me sé muchas de ellas y desde luego no les uso en mi conversación diaria.

En el prefacio de nuestro libro de texto de procesamiento cerámico, Jim Funk dijo, "Nosotros escribimos lentamente porque sabemos que los ingenieros cerámicos leen lentamente." Bien, escribí este libro muy lentamente y puse en el lo mejor de mi para que todo fuera lo más claro posible.

Mi objetivo en este libro fue hacerlo comprensible a todos los ceramistas: estudiantes, técnicos, ingenieros, gerentes, artistas, ... quienquiera. Si he sido exitoso en lograr este buen resultado, me sentiré muy complacido. De lo contrario, estoy seguro que oíre sobre ello.

Espero que este libro ayude a quien lo lea a comprender algunas de las complejidades de la reología de suspensiones. Espero que usted también pueda aprender todo lo que yo he aprendido: La reología de suspensiónes es, simplemente, un asunto fascinante.

Dennis R. Dinger
12 de noviembre de 2002

Para la versión español:

Mi objetivo en esta versión en español es el mismo: hacer de la reología un tópico comprensible a todos los ceramistas.

Yo sé que hay muchos estudiantes, técnicos, ingenieros, gerentes, y artistas ceramistas en los países en cuales se habla español. Esta versión del libro es para ustedes.

Dennis R. Dinger
16 de julio de 2007

Reconocimientos

Me gustaría agradecer Sergio Antonio Villegas Palacio por su ayuda durante la traducción de este libro. Con su ayuda, este libro ha sido posible. Sergio – ¡Muchas Gracias!

Otros amigos también hicieron las sugerencias y corecciones. A ellos, también – ¡Gracias!

x

Capítulo Uno

Introducción

La *reología* es el estudio de los comportamientos viscosos de los fluidos, suspensiones y pastas formadas que ocurren sobre el espectro completo de las condiciones aplicadas de cizalladura. Todos los fenómenos tocantes a la deformación y flujo de las materias se incluyen en esta ciencia llamada *reología*[1].

El rango completo de las condiciones de cizalladura incluye todas las velocidades de deformación posibles desde las extremadamente bajas hasta los valores extremadamente altos. Un ejemplo de condiciones de cizalladura muy suaves y bajas es la cizalladura que se logra cuando se agita lentamente un vaso de agua con una cuchara. Un ejemplo en el extremo alto de cizalladura es la cizalladura intensa que se aplica al agua cuando pasa por la boquilla de una manguera de jardín. La cizalladura en la boquilla es tan supremamente alta como para causar que la masa de agua de la manguera se deshaga en un atomizado de gotitas pequeñas, que es como sale de la boquilla.

Viscosidad

La *viscosidad* de un fluido caracteriza la facilidad como un fluido se mueve y fluye cuando se somete a deformación o cizalla. El agua, la gasolina y el disolvente de pintura, por ejemplo, tienen viscosidades bajas. Cuando se vierte en una superficie inclinada, cada uno de estos fluidos fluirá rápidamente hacia abajo en la superficie. En cambio, la melaza y los aceites de cocina tienen las viscosidades más altas. Cuando se vierten en la misma superficie inclinada, también fluirán en la superficie, pero lo harán más lentamente que los fluidos de viscosidades bajas. Asociamos las viscosidades *bajas* con que los fluidos que fluyen rápidamente, y asociamos las viscosidades *altas* con los fluidos que fluyen más lentamente.

La viscosidad del agua, que es un fluido simple, es fija. Aún a dos condiciones de cizalladura muy diferentes en los ejemplos citados atrás (agitándola lentamente en un vaso con una cuchara o atomizándola por una boquilla), la viscosidad del agua es fija; ella no cambia cuando las condiciones de cizalladura varían. Las viscosidades fijas son típicas de fluidos simples.

Ciertos fluidos, sin embargo, no exhiben una viscosidad fija cuando las velocidades de cizalladura varian. A diferencia del agua, tales fluidos pueden tener viscosidades que barrían ampliamente cuando las condiciones de cizalladuras cambian. Cuando las viscosidades cambian como funciones de las condiciones de cizalladuras, los fluidos se caracterizan por presentar reologías más complejas; estos no son fluidos simples.

El campo de la reología caracteriza y mide la cantidad de los muchos comportamientos viscosos posibles de la variedad amplia de los fluidos y suspensiones existentes así como pastas formadas.

Viscosidad versus reología

La *reología* es un concepto más amplio que la viscosidad. La *reología* es el asunto matriz que contiene *viscosidad*. En la mayoría de los fluidos comunes simples, en los que el agua es el ejemplo primario, la viscosidad es fija en todas las velocidades de cizalladura. Cuando un fluido se caracteriza por presentar una viscosidad única fija sobre el todo el rango de las velocidades de cizalladura, es conocido como un fluido *Newtoniano*. Es decir, exhibe la reología *Newtoniana*.

Al tratar sobre los fluidos newtonianos simples, la magnitud de las cizalladuras impuestas rara vez entra en discusiones sobre la viscosidad pues cada fluido newtoniano se caracteriza por tener una viscosidad fija. Las viscosidades newtonianas no varían cuando la magnitud de la cizalladura aplicada varía; es decir que poco interesa la magnitud de la cizalladura aplicada. Como consecuencia, la velocidad de cizalladura aplicada (es decir, la cizalladura evaluada) no es necesaria como requisito para definir la viscosidad de los fluidos newtonianos.

Mucha gente no está familiarizada con los términos *velocidad de cizalladura* (o *velocidad de deformación*) o *reología* por dos razones: (1) Los fluidos más comunes **son** newtonianos. (2) Estos dos términos generalmente no se usan en discusiones sobre fluidos newtonianos.

Muchos manuales que contienen las tablas de viscosidad, incluyen las de los fluidos comunes. Si no existe ninguna explicación adjunta para describir la(s) velocidad(es) de cizalladura a que las viscosidades tabuladas se aplican, es porque los fluidos descritos son newtonianos. Si no existe ninguna etiqueta o calificativo en cualquiera de los fluidos para indicar otras reologías, los fluidos son newtonianos. Tablas así son comunes en los manuales. Dichas matrices normalmente muestran la denominación de los fluidos, las temperaturas de medición y valores de viscosidad. Todos los fluidos en tales tablas son newtonianos y las viscosidades tabuladas se aplican a todas las velocidades de cizalladura. Pero muchos fluidos exponen viscosidades que NO son fijas cuando la velocidad de cizalladura cambia. Tales fluidos son conocidos como los fluidos *No newtonianos*.

Cuando los fluidos incluidos en una tabla de datos son no newtonianos, la velocidad de cizalladura a la que la medición se hizo debe acompañar cada viscosidad no newtoniana. El velocidad de cizalladura **debe incluirse o los datos no tendrían sentido**. Podría ser útil también (pero no es absolutamente necesario) que tales tablas incluyeran también el nombre del tipo de reología no newtoniana que exhibe el fluido.

El comportamiento *newtoniano* es sólo una de las categorías existentes de reología de fluidos. Existen varios tipos diferentes de comportamientos que se incluyen en la amplia categoría conocida como las reologías *no newtonianas*. Por ejemplo, fluidos con viscosidades que crecen cuando las velocidades de cizalladura aumentan, muestran la reología *dilatante*. Los fluidos cuya viscosidad disminuye cuando las velocidades de cizalladura aumentan, exhiben la reología *seudo plástica* (también conocida como *adelgazamiento con la cizalladura*). Las suspensiones que exhiben gelación (gelificación) y exhiben esfuerzos de cesión pueden ser reologías *cedentes - dilatantes*, *Bingham*, o *seudo plástico con esfuerzos de cesión*. Las suspensiones en que las viscosidades disminuyen o aumentan con el tiempo a una velocidad de cizalladura fija, pueden ser reologías *tixotrópicas* o *reopécticas*, respectivamente.

La reología de un fluido define cómo se comporta la viscosidad como una función de las cizalladuras aplicadas. La viscosidad de un fluido define cómo varía el esfuerzo de corte como una función de las cizalladura aplicada. Cada fluido expone una reología única característica *independiente del tiempo*. Los fluidos no newtonianos pueden exponer también, simultáneamente, reologías *dependientes del tiempo*. En dependencia de su comportamiento reológico característico, cada fluido puede exhibir una variedad de viscosidades a medida que las velocidades de cizalladura varían o cuando se exponen a velocidades fijas de cizalladura durante períodos largos del tiempo. El campo de la reología cubre todas estas interesantes posibilidades.

Reología y ceramistas

Dentro de la mayor parte de los planes de estudios de universidades, la reología es un tema avanzado que ven los estudiantes sólo después que se han preparado bien en los fundamentos de mecánica de los fluidos y en los fluidos simples. La mayor parte de los ceramistas (ingenieros, artistas, técnicos y gerentes) en cambio, son ven enfrentados a los intricados caminos y complejidades de la reología como estudiante durante sus primeros laboratorios de cerámica, o durante su primer día de trabajo en una planta de producción de cerámica.

Las pastas cerámicas típicas incluyen tanto suspensiones de partículas o fluidos de bajos contenidos de sólidos (conocidos como *pastas – slips –* y *lodos – slurries –*) y pastas para formación plástica de altos contenidos de sólidos. Los lodos de baja densidad (*slurries* en Inglés) son suspensiones de ingredientes únicos. Una suspensión de arcillas contiene sólo arcillas. Las pastas (*slips* en Inglés) son suspensiones de mezclas de ingredientes. Una pasta es una suspensión que contiene todos los ingredientes requeridos en la mezcla final.

El hecho de que las pastas cerámicas sean suspensiones complejas de partículas (es decir, son mezclas multifases y no fluidos simples) trae consigo todas las posibilidades de que presenten reologías no newtonianas. Es decir, no solamente es posible que se presenten las reologías no newtonianas en las suspensiones cerámicas, sino más bien es muy probable que se presenten.

Esto hace necesario para los ceramistas comprender no sólo el concepto de la viscosidad, sino también la amplitud de los otros temas de la reología. En particular, los ceramistas necesitan comprender los detalles de las relaciones causas-efectos que gobiernan las propiedades reológicas y las propiedades de formación de las pastas de producción. No sólo necesitan saber **qué** son estos comportamientos, sino **por qué** suceden y **cómo** controlarles.

Reologías

Fluidos newtonianos simples

Todos estamos familiarizados con los fluidos *simples* porque el agua es un fluido simple y todos estamos familiarizados con el agua y su comportamiento. Los fluidos simples consisten fundamentalmente de volúmenes grandes de un tipo molecular único, aunque los fluidos simples pueden incluir mezclas de diversos tipos moleculares. Son ejemplos de fluidos simples: el agua, la mayor parte de los aceites de viscosidad baja para cocina y combustión y muchos disolventes. En la mayor parte de los casos, los fluidos simples son newtonianos porque ellos exponen una viscosidad característica fija, a pesar de las condiciones de cizalladuras a las que se sometan.

Cuando alguien pregunta, "¿Cuál es *la* viscosidad del agua?" o "¿Cuál es *la* viscosidad del aceite vegetal?", está diciendo (puede que lo sepa o puede que no) que la viscosidad en cada caso es un valor único y fijo y que los fluidos en cuestión son fluidos newtonianos.

La mayoría de gente está familiarizada con el concepto de la viscosidad porque ha tenido la experiencia práctica de primera mano con los fluidos simples. Pueden reconocer y distinguir entre de fluidos de viscosidad alta y fluidos de viscosidad baja, pero no saben necesariamente que los fluidos simples son fluidos *newtonianos*, ni que otros fluidos más complejos dentro de su experiencia son conocidos como los fluidos *no newtonianos*.

Fluidos no newtonianos

Los fluidos que no presentan una viscosidad fija a medida que las velocidades de cizalladura varían, se llaman fluidos *no newtonianos*. Por regla general, los comportamientos no newtonianos ocurren en los fluidos con mezclas multifases y en mezclas de líquidos inmiscibles. Los líquidos mezclados con partículas finas (suspensiones de partículas en fluidos), espumas (líquidos que contienen volúmenes grandes de burbujas de gas) y las mezclas trifásicas de partículas sólidas, líquidos y burbujas de gas son ejemplos de mezclas multifases. Cuando uno trabaja con mezclas complejas o multifases, la suposición inicial que debe hacer es que las mezclas exhibirán propiedades de reología no newtonianas.

Comportamiento seudo plástico

La mayoría de gente también **está** familiarizado con los fluidos no newtonianos, aunque pueden no estar necesariamente familiarizados con el nombre de *no newtoniano*. Seguramente en alguna ocasión, la mayoría de las personas habrá tenido éxito o fracasado tratando de sacar salsa de tomate de la botella o del empaque. La mayor parte de las salsas de tomate exhiben comportamientos de la reología no newtoniana conocida como seudo plástica (también conocida como la reología de adelgazamiento con el esfuerzo). Una botella completa de salsa de tomate fluye pobremente (o nada) hasta que la salsa se somete a la cizalladura suficiente para disolver su estructura de gel, reducir su viscosidad y comenzar a fluir.

¿Cuántos de nosotros hemos salpicado la salsa de tomate por toda la mesa del comedor en el intento para poner un poco en una hamburguesa? Las sacudidas de la botella y el martilleo en el fondo con el puño normalmente crecen en intensidad hasta que la salsa de tomate empieza a fluir. Sin embargo, en el momento que sucede, muchas personas están completamente frustrados golpeando y sacudiendo la botella violentamente. Una vez que el esfuerzo de cedencia en la salsa de tomate se ha excedido el flujo empieza, la viscosidad cae rápidamente y la salsa fluye bastante bien. Debajo de tales condiciones violentas, la salsa no sólo fluye bien, sino que puede salpicar todas cosas en un radio de un metro del objetivo. La salsa de tomate es un fluido *seudo plástico no newtoniano* y éstas son las propiedades típicas.

¿Alguna vez se ha preguntado cómo un fluido viscoso puede soportar una cuchara que ha metido en él? La crema batida y la mayonesa pueden mantener estable una cuchara que se les ha introducido en cualquier posición, aún sin que ella toque el fondo del recipiente. ¿Qué tan viscosas son la crema batida o la mayonesa?

El agua no puede hacer esto ni el pueda café tampoco. Una cuchara que se pone in una taza de café o agua tocará el fondo de la taza y entonces el mango de la cuchara caerá contra la borde de la taza.

Un tronco puede soportar un hacha o un cuchillo de caza que se le han clavado, pero un tronco es un sólido, no es un fluido ni una suspensión; si la crema batida y mayonesa eran los fluidos newtonianos, las preguntas siguientes muestran el dilema: ¿Si estos fluidos son bastante viscosos para soportar una cuchara como se describió arriba, cuánta fuerza se debe aplicar a la cuchara para insertarla en la crema batida o mayonesa? ... ¿o para moverla? ... ¿o para servir la crema batida sobre el postre? ... ¿o para servir la mayonesa en una ensalada?

Si crema batida y mayonesa fueran fluidos newtonianos, sus viscosidades necesariamente serían extremadamente altas para soportar la cuchara. En realidad, sus viscosidades podrían ser tan altas que ambas serían consideradas materiales sólidos como el tronco. Insertar la cuchara en un sólido, o agitarla, sacarla o servir tal material con la misma cuchara sería imposible.

Afortunadamente, la crema batida y la mayonesa no son fluidos newtonianos simples ni son sólidos. Ambos son fluidos no newtonianos. La fuerza que se debe aplicar a la cuchara para agitar cualquiera de los dos fluidos no es proporcional a la fuerza que soporta la cuchara estacionaria que se ha clavado en ellos.

Otra prueba para ensayar es la siguiente: Saque una botella de salsa de tomate, crema batida o mayonesa del refrigerador y cuidadosamente la acuesta de lado en el mesón de la cocina. Si esto se hace con el cuidado suficiente, la superficie de la salsa de tomate, la crema batida o la mayonesa dentro de la botella no mueven — aún cuando la botella esté acostada de lado y la superficie del fluido esté vertical. Este comportamiento no podría suceder con agua u otros fluidos simples.

La salsa de tomate, la crema batida y la mayonesa son algunos ejemplos de los materiales seudo plásticos que exhiben esfuerzo de cesión. Uno debe aplicar el esfuerzo suficiente para cada para exceder su esfuerzo de cedencia o cesión antes de que el flujo pueda empezar. El esfuerzo de cedencia previene que una botella de salsa de tomate se derrame fácilmente. El esfuerzo de cesión es lo bastante fuerte para soportar la cuchara en un tazón de crema batida o en un tarro de la mayonesa.

Después de que rendimiento del esfuerzo haya sido excedido y el flujo ha comenzado, cada uno de estos materiales pueda ser agitado, batido y servido fácilmente porque cada uno tiene viscosidades relativamente bajas después de que sus esfuerzos de cesión se han excedido. Con la cizalladura, las estructuras que producen el esfuerzo de cesión se rompen permitiendo el flujo. Cuando flujo para, las estructuras se reconstruyen, los esfuerzos de cesión reaparecen y los fluidos pueden soportar de nuevo una cuchara clavada.

La salsa de tomate, la mayonesa y crema batida son algunos de los ejemplos de los fluidos seudo plásticos que se encuentran en la mayor parte de los refrigeradores de las casas. Todos los que alguna vez hayan comido cualquiera de ellos, ha tenido una experiencia práctica al tratar con los fluidos seudo plásticos no newtonianos.

Comportamiento dilatante

El ejemplo más común al extremo opuesto del comportamiento seudo plástico, es una mezcla de almidón de maíz y agua que muchos chef jefes de cocina usan para espesar las salsas. El almidón de maíz en el agua proporciona un ejemplo excelente de reología dilatante en que las viscosidades crecen a medida que las velocidades de cizalladura aumentan. Los fluidos dilatantes se deben agitar y cizallar lentamente porque a mayor o más rápido efecto de agitación (y mientras más alto sea el nivel de las cizalladuras impuestas), más altas son sus viscosidades observables y más difíciles son de mezclar.

La dilatancia en un proceso de producción puede causar muchos problemas severos. La solución para minimizar los efectos de dilantancia en una suspensión es la disminución de la velocidad de cizalladura aplicada. La dirección de este cambio va en contra vía de lo que pensamos la mayor parte de nosotros. Para mezclar con buen resultado una suspensión dilatante, el efecto de mezclar debe ser la disminución de la cizalladura aplicada. **No** se deben aumentar las velocidades de cizalladura a más intensas o más altas. El tratar de aumentar la intensidad de la cizalladura para mezclar mejor una suspensión dilatante, simplemente no funcionará.

Un ceramista que quiera trabajar con buen resultado con los fluidos dilatante enfrenta un difícil problema contra-intuitivo. Todos 'saben,' que cuando una suspensión es viscosa y pastosa, se debe usar mayor esfuerzo en la operación de mezcla para tener éxito. Si tal suspensión se va a mezclar, todos 'saben' que se aumenta simplemente la velocidad de la mezcladora para aumentar la intensidad de mezcla. Si la mezcla es verdaderamente dilatante, sin embargo, la única solución que trabajará es la de **reducir** la intensidad de mezclado – es decir, reducir la velocidad de la mezcladora. El aumento de los esfuerzos aplicados trabajará con los fluidos newtonianos de viscosidad alta y con los fluidos seudo plásticos, no con los fluidos dilatantes.

Al mezclar las suspensiones dilatantes, las cizalladuras altas y las condiciones de dispersión de alta intensidad causarán problemas. Aumentar la intensidad de mezcla en una suspensión dilatante aumenta la probabilidad que el motor de la mezcladora se incendie o se queme, sin proporcionar ningún mejoramiento a la homogeneidad del lote. En tales casos, las condiciones altas de cizalladura producen menos efecto que la mezcla en que las condiciones de cizalladura son bajas (y quizá puede que ni siquiera no se alcance a mezclar nada).

El objetivo principal desde el comienzo de la Revolución Industrial ha sido a aumentar las velocidades de proceso y reducir tiempos de mezcla. La solución para trabajar con buen resultado con suspensiones dilatantes, sin embargo, es reducir las velocidades de proceso y aumentar la duración de los procesos de mezcla. Puede que al gerente no le guste esa solución, pero es la solución correcta y necesaria al problema de dilatancia.

Al trabajar con los sistemas dilatantes, el reducir las intensidades durante el mezclado y durante otros procesos reducirá los efectos indeseables de la dilatancia. Con las intensidades de cizalladuras reducidas y los tiempos de mezclado aumentados, tales polvos y fluidos se pueden mezclar con buen resultado. ¡Pero, buena suerte! El lidiar con buen resultado con los fluidos dilatantes es mucho más fácil cuando se dice que cuando se logra hacerlo.

La mejor solución para un problema de dilatancia es cambiar (eliminar) las condiciones que causaron el dilatancia en primer lugar. Cuando el lote actual de producción es dilatante y debe usarse (esto puede representar un gran número de toneladas de la pasta), las intensidades de cizalladuras de procesos deben reducirse.

Sistemas multifases

Hablando en términos generales, se debe asumir (hasta que se pruebe lo contrario) que **cualquier mezcla de multifase exhibirá las propiedades no newtonianas.** Los fluidos no newtonianos son la norma en los sistemas de procesos cerámicos pero también son frecuentes en muchos otros sistemas de procesamiento industrial.

Casi todas las pastas de producción cerámica son suspensiones complejas de múltiples fases que exhiben reologías no newtonianas; los ceramistas deben estar familiarizados con este tema de la reología.

Resumen

En este capítulo, hemos mencionado las experiencias prácticas que todos han tenido con los fluidos comunes para poder introducir los conceptos de la viscosidad, la reología, los fluidos newtonianos y los fluidos no newtonianos.

La mayor parte de nosotros, especialmente los que practican la cerámica, lidian diariamente con los fluidos no newtonianos. Todos los que trabajan con tales fluidos y suspensiones y especialmente esos que son responsables de la producción y control de tales pastas no newtonianas y pastas formadas, necesitan estar familiarizados con los intricados fenómenos no newtonianos, así como con las relaciones causa-y-efecto que permiten la transformación y control de esos fenómenos. Discusiones sobre todos los tópicos semejantes seguirán en los capítulos posteriores de este libro de texto.

Capítulo Dos

Fundamentos

En este capítulo se definirán y discutirán los términos de *velocidad de cizalladura* y *esfuerzo de corte* y luego se usarán para definir el concepto de *viscosidad.*

Velocidad de cizalladura

Un esfuerzo es una fuerza se aplique sobre un área. Los *esfuerzos de corte* son los esfuerzos que resultan de la aplicación de fuerzas opuestas, que se aplican de manera paralela pero desalineada una con respecto a la otra, es decir que la aplicación de las fuerzas contrarias no se hace en la misma línea. El esfuerzo resultante deforma el objeto; el esfuerzo no pone el objeto en tensión o compresión, sino en cizalladura.

La figura 2.1 muestra esfuerzos de compresión, de tracción, y de corte actuando sobre un objeto. Las líneas llenas muestran los objetos antes de la aplicación de los esfuerzos. Las líneas de rayas muestran los tipos de la deformación causada por los esfuerzos aplicados.

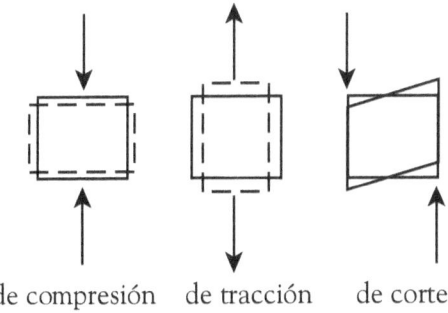

de compresión   de tracción   de corte

Figura 2.1. Esfuerzos de compresión, de tracción y de corte

11

Note que las fuerzas de compresión y de tracción, cuando se aplican uniformemente a las superficies superiores e inferiores de los cubos, se convierten en los esfuerzos de compresión y de tracción, respectivamente. Los esfuerzos de compresión aprietan el cubo. Los esfuerzos de tracción estiran el cubo.

Las fuerzas de cizalladura, sin embargo, no actúan sobre las caras superiores e inferiores del cubo. Actúan sobre las caras laterales opuestas de un cubo. Cuando se aplican uniformemente en de las caras izquierdas y derechas del cubo, crean los esfuerzos de corte. Cuando los esfuerzos cizallan el cubo, lo deforman como se muestra en la figura.

Cuando los esfuerzos se aplican sobre sólidos elásticos, los sólidos se comprimen, alargan o cizallan. Cuando se relevan los esfuerzos de sólidos elásticos, las deformaciones elásticas se eliminan y los objetos vuelven a sus formas originales.

Cuando los esfuerzos de corte se aplican a fluidos, sin embargo, las capas individuales de moléculas del fluido se mueven con relación a la otra. Cuando los esfuerzos de corte se quitan, las moléculas de fluido se detienen en sus nuevas posiciones y el fluido mantiene su nuevo arreglo molecular. El flujo ocurre dentro de los fluidos simples tan pronto como los esfuerzos de corte se aplican.

Los fluidos simples, que no exhiben esfuerzos de cesión, fluyen cuando algún esfuerzo de corte se aplica. La velocidad de cizalladura lograda será una función de la viscosidad del fluido. Aún el esfuerzo de cizalladura más pequeño causará que un fluido simple empiece a fluir y sus moléculas se arreglen de otra manera.

Los fluidos que exhiben esfuerzos cedentes sólo empezarán a fluir después de que el esfuerzo de cizalladura aplicado exceda el esfuerzo de cesión. Hasta ese punto, las estructuras del fluido pueden experimentar deformación elástica, pero después de que el esfuerzo de cesión se exceda, las moléculas se colocarán de otra manera y flujo ocurrirá.

Las suspensiones de procesos cerámicos se conocen como materiales *visco elásticos*. Esto se refiere al hecho que exponen ambas propiedades, elásticas y viscosas.

La aplicación práctica de los esfuerzos de cizalladura

La figura 2.2 muestra el diagrama fundamental usado para definir y explicar los términos de esfuerzo cortante, velocidad de cizalladura y viscosidad. Representa dos planchas paralelas con un fluido contenido entre ellas.

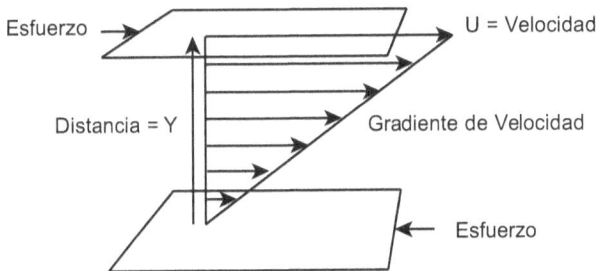

Figura 2.2. La definición fundamental de la viscosidad

Cuando una fuerza hacia la derecha se aplica a la plancha superior y una fuerza igual y opuesta hacia la izquierda, se aplica a la plancha inferior, el fluido entre las dos planchas queda sometido a cizalladura. Las fuerzas aplicadas uniformemente a través de las áreas de las planchas producen el esfuerzo cortante y las planchas en contacto con el fluido transmiten el esfuerzo cortante al fluido.

El esfuerzo cortante en este diagrama es:

$$\text{Esfuerzo cortante} = \frac{\text{Fuerza}}{\text{Área}} = \tau_s = \frac{F}{A} \; [=] \; \frac{N}{m^2} = Pa \qquad (2\text{-}1)$$

Note que las dimensiones del esfuerzo cortante son el fuerza/área, que se ha asociado comúnmente con unidades de presión. En las unidades inglesas, el *psi* es la unidad normalmente asociada con el esfuerzo cortante. En las unidades del SI, el Pascal (Pa) es la unidad más común.

En los viscosímetros de cilindro concéntrico y en algunos aparatos de procesamiento, los esfuerzos cortantes se aplican a los fluidos entre una superficie móvil y una superficie fija. En viscosímetros de cilindro concéntrico (copa y cilindro), el motor pone el cilindro a girar y cizalla el fluido contra una copa estacionaria. Ése es el caso en la figura 2.2 cuando la plancha superior se mueve hacia la derecha y la plancha inferior queda fija.

En ciertos viscosímetros, los motores accionan el cilindro a una velocidad (rpm) particular y se enganchan al mismo cilindro mediante un resorte que tiene un sensor que puede medir la fuerza instantánea en el resorte. Como las áreas superficiales de la superficie exterior de la copa y la superficie interior del cilindro se conocen y la fuerza aplicada puede medirse, los esfuerzos cortantes aplicados al cilindro y la copa y que se transmiten a través el fluido, se pueden calcular.

En ciertos procesos, tal como en la extrusión, la superficie exterior (circunferencial) de un tornillo se mueve con respeto al cilindro fijo del extrusor. Claramente, ésta no es la fuerza principal que aplica el tornillo extrusor a la pasta de extrusión, pero es un esfuerzo de cizalladura que cizalla parte de la pasta que está entre la superficie exterior del tornillo y el cilindro.

Las distancias entre el tornillo y el cilindro son normalmente volúmenes pequeños, así se afectan sólo una porción pequeña de la pasta. Pero la distancia entre el tornillo y el cilindro en un extrusor, o el intervalo correspondiente al que está entre el impulsor y la pared interior de la bomba, son las partes dentro de estos dispositivos donde se imparten cizalladuras relativamente altas a fluidos, suspensiones y pastas. La mayoría de los fluidos, suspensiones o pastas dentro de tales dispositivos se exponen sólo a cizalladuras bajas y a la compresión, pero las magnitudes de esos esfuerzos son mucho más difíciles de calcular o estimar.

Las bombas empujan (bombean) fluidos y suspensiones por sistemas de tuberías, así los esfuerzos cortantes en los tubos se muestran como arrastre entre los fluidos corrientes y las paredes de tubo estacionarias. Los fluidos y suspensiones bombeados en esos tubos muestran perfiles de velocidad de pared a pared dentro del tubo. Las velocidades de flujo más rápidas están al centro del canal de flujo y las velocidades más lentas de flujo están cerca de las paredes.

Muchas personas enseñan que el primer estrato del fluido en contacto con la pared de tubo queda estacionario con relación a la pared; esto parece ser verdad para el estrato de moléculas de un fluido simple en contacto con una pared de tubo. También puede ser verdad en el primer estrato de moléculas del fluido portador en una suspensión en contacto con una pared de tubo, pero no parece ser cierto en el caso de las partículas suspendidas en la vecindad de la pared de tubo.

Durante el flujo de un fluido simple en un tubo, las velocidades de flujo se diferenciarán desde la máxima velocidad al centro del tubo, a cero en las capas de fluido pegadas a las paredes. Durante el flujo de tubo de una suspensión partícula de partículas en un fluido, las velocidades de flujo se diferenciarán del máximo al centro del tubo, hasta bajas velocidades, pero posiblemente no cero, en el fluido de las paredes. Cuando las partículas suspendidas se detienen y se quedan estacionarias en la pared, se pueden formar obstrucciones dilatantes y pueden ocurrir problemas de proceso. Éste es un tema más complejo que se tratará más adelante.

Velocidad de cizalladura

Cuando un esfuerzo cortante se aplica a un fluido, el fluido se deforma a una tasa constante. Este índice o tasa de deformación se conoce como *velocidad de cizalladura*. La velocidad de cizalladura es igual al valor del gradiente de velocidad de las moléculas y partículas en cualquier punto de interés dentro del fluido. El diagrama en figura 2.2 representa la cizalla de un fluido simple entre dos planchas paralelas. La velocidad de cizalladura es igual al gradiente de velocidad que se muestra en ese diagrama.

Para la geometría que aparece en figura 2.2, el gradiente de velocidad en un fluido simple es lineal. Es decir, la velocidad de cizalladura del fluido simple en figura 2.2 es fija en todos los puntos entre las dos planchas. El gradiente de velocidad de la figura 2.2 no se aplica sin embargo, a los fluidos no newtonianos porque el gradiente de velocidad entre dos planchas no es lineal para los fluidos no newtonianos. Un gradiente de velocidad lineal se aplica sólo a los fluidos simples.

Para calcular la velocidad de cizalladura, sólo se necesita calcular el valor del gradiente de velocidad en el punto del interés. Dado que el gradiente de velocidad en esta figura es lineal, el índice de cizalladura calculado se aplica a cualquier punto entre las dos planchas.

$$\text{Velocidad de Cizalladura} = \frac{\text{cambio en velocidad}}{\text{distancia}} = \frac{\Delta U}{\Delta Y} = \dot{\gamma}$$

$$\dot{\gamma} \ [=] \ \frac{\text{cm/sec}}{\text{cm}} = \frac{1}{\text{sec}} = \frac{1}{s} = s^{-1} \qquad (2\text{-}2)$$

Note que la velocidad de cizalladura, $\dot{\gamma}$ [gamma punto], es el gradiente de velocidad con unidades para velocidad/distancia, o (cm/s)/cm, como mostrado. Las velocidades de cizalladura son las gradientes de velocidad. Ellas deben ser recordadas como tal. Las unidades para los gradientes de velocidad son velocidad/distancia: (cm/s)/cm, (m/s)/m, o (pie/s)/pie, etc.

Nosotros tendemos a simplificar toda cosa a su extremo, así, la velocidad de cizalladura normalmente lleva las unidades s^{-1}, es decir, el secundo recíproco (1/s). ¿Qué es el significado práctico de un segundo recíproco? ¿Cuál es el significado de un gradiente de velocidad? Un gradiente de velocidad tiene un significado práctico comprensible pero la unidad de segundo recíproco no lo tiene. A lo largo de este libro, cuando se usa el término *velocidad de cizalladura*, aún si sus unidades se dan como s^{-1}, las palabras que deben venir a la mente son *gradiente de velocidad* y las unidades que deben venir a la mente son (cm/s)/cm u otro conjunto de unidades apropiado completo para el gradiente de velocidad.

Calcular o estimar velocidad de cizalladura

¿Cómo se hacen los cálculos o estimaciones de las velocidades de cizalladura? Cuando se tienen dos superficies que se están moviendo, tal como aparece en figura 2.2, es relativamente fácil de ejecutar el cálculo. Cuando los fluidos son no newtonianos, el cálculo debe ejecutarse inicialmente como si los fluidos fueran newtonianos. Entonces, la cizalladura calculada puede aumentarse o disminuirse como sea necesario para acomodarse al fluido no newtoniano.

Al tratar con flujo en tuberías, donde las suspensiones se mueven ellas, el radio del tubo es la distancia sobre la que se debe hacer la estimación. La más rápida velocidad de flujo está normalmente al centro del tubo y la más lenta a la pared. El radio define esta distancia.

Cuando suspensiones fluyen por canales con las secciones transversales rectangulares, que son semejantes a la figura 2.2 pero con la suspensión fluyendo y ambas planchas estacionarias, también la velocidad de cizalladura debe calcularse del centro del canal de flujo a la pared más cercana.

Para el flujo dentro de un canal o tubo fijo, también se necesita saber la velocidad máxima de flujo del fluido. El índice medio de flujo es bastante fácil de medir usando un medidor de flujo volumétrico. Se pueden usar muchos medidores de flujo diferentes, pero un medidor de flujo volumétrico puede ser tan simple como un cubo y un cronómetro. Para los atomizadores, el índice total de flujo por el atomizador dividido por el número de los canales individuales que suministran el flujo, produce el índice medio de flujo por un canal.

El índice medio de flujo (volumen/tiempo) dividido por el área de secciones transversales (área) produce la velocidad media de flujo:

$$\frac{\text{volumen/tiempo}}{\text{área}} = \frac{\text{longitud}^3/\text{tiempo}}{\text{longitud}^2} = \frac{\text{longitud}}{\text{tiempo}} = \text{velocidad} \quad (2\text{-}3)$$

La velocidad máxima de flujo no es fácil de medir. Como un punto de partida, la velocidad de flujo máxima se pude asumir como dos veces el valor medio de velocidad. Aunque puede que esta estimación no sea exactamente correcta, su valor será cercano. Al calcular las velocidades de cizalladura, el valor exacto del número no es tan importante como el orden de magnitud del número. Que el índice de cizalladura calculado sea $1000s^{-1}$ ó $2000s^{-1}$ ó $1345.692s^{-1}$ es menos importante que saber que la velocidad de cizalladura está casi en $10s^{-1}$, $100s^{-1}$, $1000s^{-1}$, ó $10,000s^{-1}$.

Muestra de cálculo de velocidad de cizalladura

¿Si hay 50 boquillas de 1 mm en diámetro en un atomizador en el que se alimenta 2000 litros por hora (lph) de petróleo combustible en un quemador, cuál es la velocidad de cizalladura estimada impuesta en el aceite cuando pasa por cada orificio?

$$\frac{2000\ l}{hr} \times \frac{1000cm^3}{1\ litro} \times \frac{1\ hr}{3600\ s} \times \frac{1}{50\ canales} = \frac{11.11\ cm^3/s}{canal} \quad (2\text{-}4)$$

Fundamentos

$$1 \text{ mm diámetro} = 0.1 \text{ cm diámetro} \qquad (2\text{-}5)$$

El área en seccion transversal de cada 1mm canal es:

$$\pi r^2 = 3.1416 \, (0.1 \text{ cm})^2 = 0.031416 \text{ cm}^2 \qquad (2\text{-}6)$$

La velocidad media de flujo en cada canal es:

$$(11.11 \text{ cm}^3/\text{s}) / (0.031416 \text{ cm}^2) = 353.6 \text{ cm/s} \qquad (2\text{-}7)$$

Una primera estimación de la velocidad de cizalladura en cada canal sirve para calcular el gradiente de velocidad entre la velocidad de flujo al centro de cada canal y la pared (que se supone es cero). Una buena primera estimación de la velocidad de flujo al centro del canal, es dos veces la velocidad media de flujo. El radio de cada canal es la distancia sobre la que el gradiente de velocidad se va a calcular. Así pues, la estimación es:

$$2 \text{ X (la velocidad de flujo media)/radio } =$$

$$2 \text{ X } (353.6 \text{ cm/s}) / 0.05 \text{ cm} \qquad = 14,144 \text{ (cm/s)/cm}$$

$$= 14,144 \text{ s}^{-1} \qquad (2\text{-}8)$$

Aún cuando esta estimación puede tener un error multipicado por un factor de 2 ó 3, muestra sin embargo el orden de magnitud de la velocidad de cizalladura. En particular, eso enfatiza el punto de que las velocidades de cizalladura en atomizadores pueden ser extremadamente altas. ¿Se podría preguntar también si realmente las boquillas de 1 mm son los orificios más pequeños en el atomizador? Es posible que se encuentre con que, después de desmontar el atomizador, el fluido debe pasar internamente por canales aun menores, o que debe pasar por los orificios ligeramente más grandes pero con un menor número de ellos cuando el fluido pasa por el atomizador. La velocidad de cizalladura más severa en un atomizador, sin embargo, debe estar en la punta (o muy cercana a ella) donde comienza el atomizado, así pues que los valores calculados en este ejemplo deben ser las cizalladuras más altas impuestas sobre el fluido.

Si el petróleo combustible es no newtoniano, la más alta velocidad de cizalladura impuesta, puede ligeramente tener un valor más alto que el calculado, pero el orden de la magnitud del valor calculado debe ser correcta. La pasada de petróleo combustible por este atomizador está sujeta a las condiciones de cizalladuras extremas como sale el atomizador. Las condiciones de velocidad de cizalladura muy alta son características de los atomizadores.

Los velocidades de cizalladura en los estanques y otros sistemas relativamente en reposo son relativamente bajas, del orden de $1 - 10s^{-1}$. Las velocidades de cizalladura en tuberías son del orden de $10s^{-1}$ a $100s^{-1}$. Las velocidades de cizalladura en bombas pueden ser más intensas ($100s^{-1}$ a $1,000s^{-1}$), y velocidades de cizalladura en atomizadores son aún más altas ($1,000s^{-1}$ a $10,000s^{-1}$).

Las velocidades de cizalladura durante ciertas operaciones aparentemente lentas, tales como la operación de pintar una superficie con un cepillo, puede ser bastante altas debido a la pequeña distancia entre la brocha y la superficie.

Note que las velocidades de cizalladura altas implican gradientes de velocidad grandes. Los gradientes de velocidad pueden ser grandes porque las velocidades de fluidos de flujo, en canales de tamaño normal, son altas. Cuando las velocidades de flujo parecen ser normales (o aún bajas), los gradientes de velocidad todavía pueden ser grandes si la distancia en la que ocurren las cizalladuras es muy pequeña. En caso de duda sobre un proceso particular, haga un cálculo para estimar el velocidad de cizalladura.

La definición de la viscosidad

Considere de nuevo figura 2.2 que muestra la relación entre el esfuerzo cortante y la velocidad de cizalladura. Los esfuerzos cortantes se aplican al fluido por las planchas paralelas. A cada esfuerzo cortante que se aplique, el sistema llegará al equilibrio a una velocidad de cizalladura particular. La relación entre el esfuerzo cortante aplicado y la velocidad de cizalladura lograda, define la viscosidad del fluido. Su ecuación definidora es:

$$\text{Viscosidad Dinámica} = \mu = \frac{\text{esfuerzo cortante}}{\text{velocidad de cizalladura}} = \frac{\tau_s}{\dot{\gamma}}$$

$$\mu \; [=] \; \frac{Pa}{s^{-1}} = Pa \cdot s \tag{2-9}$$

La *viscosidad dinámica*, μ, es la relación entre el esfuerzo cortante y la velocidad de cizalladura. Un fluido de viscosidad alta tomará considerablemente más esfuerzo aplicado para lograr una velocidad de cizalladura particular que un fluido de viscosidad baja.

Note que el *centiPoise* (cP), una unidad común para viscosidad, es igual a el *miliPascal-segundo* (mPa · s):

$$1 \; cP = 1 \; mPa \cdot s \tag{2-10}$$

La manera tradicional de medir la viscosidad dinámica, μ, es medir los esfuerzos cortantes requeridos para cizallar los fluidos en una variedad velocidades de cizalladura. La figura 2.3 muestra un perfil de esfuerzo cortante medido versus la medición de la velocidad de cizalladura. Cada curva de viscosidad de este tipo, se conoce como un *reograma*. La figura 2.3

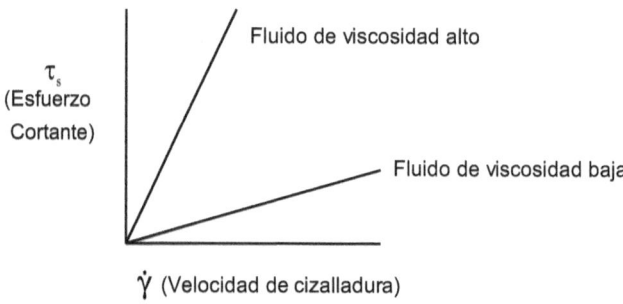

Figura 2.3. Reograma de dos fluidos simples.

muestra ejemplos de ambos tipos de fluidos: de viscosidad baja y de viscosidad alta. Estos son fluidos newtonianos porque exponen un comportamiento lineal que comienza en el origen (en cero esfuerzo cortante y cero velocidad de cizalladura). El reograma de viscosidad alta tiene una pendiente alta. El reograma de la viscosidad baja tiene una pendiente gradual o más baja.

Las ecuaciones para estos dos fluidos son las ecuaciones de las líneas rectas con las intersecciones del eje de las ordenadas iguales a cero (B=0). La ecuación para una línea recta es:

$$Y = mX + B \qquad (2\text{-}11)$$

Al substituir el esfuerzo cortante, la viscosidad y la velocidad de cizalladura en su lugar apropiado producen:

$$\tau_s = \mu\,\dot{\gamma} \qquad (2\text{-}12)$$

donde τ_s = esfuerzo cortante,
$\dot{\gamma}$ = velocidad de cizalladura, y
μ = viscosidad dinámica.

La ecuación (2-12) es un nuevo arreglo de la ecuación (2-9).

La viscosidad del fluido de alta viscosidad en figura 2.3, μ_H, es la relación entre los esfuerzos cortantes para cada una de las velocidades de cizalladura en dicho reograma, que a su vez es la inclinación del reograma mostrada por ecuaciones (2-11) y (2-12). De manera similar, la viscosidad baja del fluido, μ_L, que es la relación de los esfuerzos cortantes para cada una de las velocidades de cizalladura en el reograma de viscosidad baja, es la inclinación de su reograma.

Las viscosidades de ambos fluidos en la figura 2.3, son valores fijos que no cambian cuando las velocidades de cizalladura cambian. Dado que sus viscosidades son fijas, estos dos fluidos son conocidos como fluidos *newtonianos*. Es importante a notar que las viscosidades de los fluidos newtonianos son valores únicos que se aplican sobre el rango completo de las velocidades de cizalladura.

Calculando las relaciones de esfuerzo cortante para velocidad de cizalladura a cada velocidad de cizalladura y dibujando los valores contra la velocidad de cizalladura se produce figura 2.4. Este tipo de figura

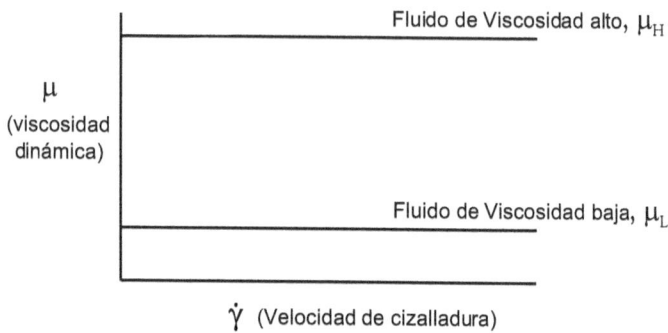

Figura 2.4. La viscosidad dinámica contra la velocidad de cizalladura

claramente muestra que los fluidos newtonianos tienen las viscosidades fijas sobre el rango completo de las velocidades de cizalladura. Por esta razón, al discutir los fluidos newtonianos, "la" viscosidad de cada fluido se mencionará frecuentemente. Los fluidos newtonianos sólo tienen una única viscosidad, que es igual a la pendiente del reograma como se muestra en ecuación (2-12).

La definición apropiada de la *viscosidad* para los fluidos newtonianos, y de la *viscosidad aparente* para los fluidos no newtonianos, es: *la viscosidad es la relación del esfuerzo cortante y la velocidad (tasa) de cizalladura a cualquier velocidad de cizalladura aplicada.* En los fluidos no newtonianos, la pendiente instantánea a cada cizalladura, **no** es equivalente a la viscosidad del fluido. La relación del esfuerzo cortante y la velocidad de cizalladura a cualquier velocidad de cizalladura impuesta, es de hecho igual al cálculo matemático de la pendiente en la ecuación del reograma, **sólo** para los fluidos newtonianos.

Los viscosímetros que miden las viscosidades aparentes, típicamente miden los esfuerzos cortantes a cada velocidad de cizalladura. Los reogramas de tales viscosímetros normalmente se trazan en ejes de esfuerzo cortante contra las velocidades de cizalladura, como en la figura 2.3. Ciertos viscosímetros, que pueden calcular la viscosidad aparente (la relación del esfuerzo cortante para cada velocidad de cizalladura) a cada velocidad de cizalladura, pueden trazar también reogramas semejantes al de la figura 2.4.

Resumen

La discusión en este capítulo ha cubierto los esfuerzos cortantes, las velocidades de cizalladura y las viscosidades. La relación simple entre los tres, es que la viscosidad dinámica de algún fluido en algún conjunto particular de condiciones, es la relación de la medida del esfuerzo cortante y la medida de la velocidad de cizalladura.

Los fluidos newtonianos se caracterizan por una viscosidad dinámica única, porque los esfuerzos cortantes requeridos para lograr alguna velocidad de cizalladura particular, son siempre linealmente proporcionales.

Los fluidos no newtonianos, que se discutirán con más detalle a lo largo de este libro, se caracterizan por viscosidades aparentes diferentes en cada velocidad de cizalladura.

Capítulo Tres

Los fluidos simples y las suspensiones

El estudio de la mecánica de fluidos cubre los fluidos simples a las condiciones estáticas y dinámicas. Este texto no se propone para reemplazar cualquiera de los buenos libros de texto de mecánica de fluidos que están disponibles hoy. En realidad, los ceramistas lo pueden usar para familiarizarse con los fundamentos y cálculos que se pueden efectuar usando mecánica de fluidos.

La mayor parte de los libros de texto y cursos de mecánica de fluidos introductorios, sin embargo, se limitan a los fluidos newtonianos simples. La reología y los comportamientos no newtonianos sólo se cubren en los cursos avanzados.

Muchos ingenieros que están familiarizados con los fluidos simples no parecen comprender las diferencias entre los fluidos simples y las suspensiones. Este hecho normalmente se percibe en los diseños de los sistemas de manejo de suspensiones, de mezcla, procesamiento, y de tuberías en muchas fábricas.

El propósito de este capítulo es señalar y discutir algunas de las diferencias fundamentales entre los fluidos simples y suspensiones.

Suspensiones

Aunque muchos ceramistas frecuentemente usan los fluidos simples, tal como agua, la mayoría de los ceramistas deben mezclar, modificar y controlar suspensiones de partículas y fluidos. Las suspensiones multifases **no son** fluidos simples.

Una suspensión cerámica típica es una mezcla de los polvos de grano fino con fluidos (que pueden ser agua o fluidos no acuosos) en presencia de cantidades menores de una variedad de aditivos inorgánicos y orgánicos. Dependiendo del equipo de mezcla y de los procedimientos usados, muchas suspensiones cerámicas también contienen burbujas de aire.

Los contribuyentes principales al comportamiento de la reología de suspensiones son las propiedades y características de los polvos y de los fluidos portadores. Los aditivos, que normalmente consisten de una fracción hasta de uno por ciento (en masa) del polvo en una suspensión, modifican y controlan las propiedades e interacciones interfaciales entre los polvos y el fluido y con eso a su vez se modifican y controlan las propiedades reológicas de las suspensiones.

Los fluidos simples no tienen este amplio rango de variables para ajustar y controlar a fin de lograr las viscosidades requeridas en el proceso. Por supuesto, se pueden mezclar aditivos con fluidos simples para alterar sus comportamientos, pero la extensión del cambio posible en los comportamientos viscosos de los fluidos simples es mucho menor en comparación con los cambios posibles de comportamiento que se pueden lograr en las suspensiones.

Hay dos fenómenos mayores que no son característicos de los fluidos simples y que contribuyen al comportamiento de suspensiones: las interacciones de gelificación y las interacciones de partícula – partícula. Cada uno de ellos se discutirá brevemente en las siguientes secciones y de nuevo en los capítulos posteriores.

Los efectos de las partículas finas (polvos) en la reología

Hay varias categorías de efectos en las que las fracciones de polvo de las suspensiones tienen papeles importantes en el control de las propiedades de reología. Los contenidos de sólidos de suspensiones, las distribuciones de tamaños de partículas de los polvos, las propiedades de los elementos constitutivos del polvo, los estados de floculación de las suspensiones y la naturaleza e intensidad de las colisiones entre partículas (que se asocian estrechamente con las velocidades impuestas de cizalladura) deben considerarse individualmente; también debe considerarse que, dado que las suspensiones contienen partículas sólidas, presentan precipitación o sedimentación indeseable, empaquetamiento de partículas, obstrucciónes y causan abrasión.   Dado que los fluidos simples no contienen ningún sólido o partículas, ninguna de estas consideraciones es pertinente.

Contenidos de sólidos

En las suspensiones, el porcentaje de sólidos tiene un efecto principal en las propiedades de reología. Cuando los contenidos de sólidos son bajos, las viscosidades de los fluidos se incrementan lentamente a medida que se van adicionando más sólidos. La ecuación de Einstein[2] que se aplica a las suspensiones de bajos contenidos de sólidos, describe esto:

$$\mu_r = 1 + 2.5C \qquad (3\text{-}1)$$

donde μ_r = la viscosidad relativa, a saber, la viscosidad de suspensión relativa a la viscosidad del fluido de portador, y

 C = la concentración de volumen (fracción) de partículas.

A contenidos de sólidos bajos, cuando la concentración de volumen de partículas, C, es pequeña, la viscosidad de suspensión se aproxima estrechamente a la viscosidad del fluido de portador. En tales casos, la viscosidad del fluido es la dominante al controlar la viscosidad de la suspensión. A medida que los contenidos de sólidos se elevan, las propiedades de la suspensión se desvían rápidamente de sus semejanzas con las propiedades del fluido de portador.

A contenidos altos de sólidos, la fracción de partículas tiene el efecto predominante en el control de las viscosidades de la suspensión. En las suspensiones de contenidos altos de sólidos, la ecuación de Einstein no se aplica. Cada suspensión tiene un límite superior de contenido de sólidos, más allá del cual el flujo cesa. Esto ocurre cuando una red continua de las partículas cubre el volumen entero de la suspensión y las partículas no se pueden mover libremente dentro de la suspensión. En cada suspensión particular, el límite de los contenidos de sólidos depende de la distribución de tamaños de partículas del polvo y la capacidad de esas partículas de empacarse o empaquetarse. Ciertas suspensiones permanecerán fluidas aún a contenidos de sólidos más altos que otros debido a las diferencias de distribuciones de tamaños de las partículas y empaquetamientos de las partículas.

La figura 3.1 muestra las viscosidades relativas en un rango de contenidos de sólidos, tomado de datos experimentales y datos de modelos de computadora de la literatura[3-6]. Note que la relación lineal de Einstein, ecuación (3-1), se aplica sólo a los contenidos bajos de sólidos, siendo las fracciónes de los sólidos menores de ~0.3-0.4. Las interacciones entre partículas dominan rápidamente el comportamiento viscoso a medida que los contenidos de sólidos se incrementan más allá de ese rango. La figura 3.1 muestra que todas las viscosidades se incrementan de forma exponencial a medida que los contenidos de sólidos crecen por encima del ~40%[3-6].

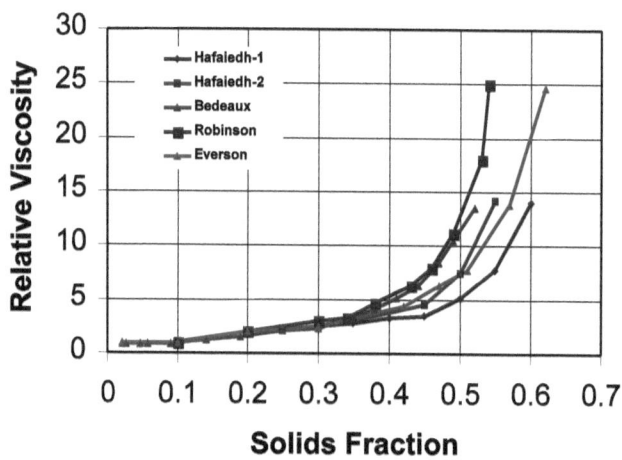

Figura 3.1. La viscosidad relativa contra la fracción sólida[3-6]

A contenidos altos de sólidos, hay demasiadas partículas y muy poco fluido para producir flujo. A contenidos de sólidos altos cuando el flujo y la deformación ya no pueden ocurrir, el término *suspensión* ya no se aplica; tales sistemas se comportan como un conglomerado mojado de partículas sólidas.

En 1980, el autor participó en un proyecto donde el objetivo era producir suspensiones de carbón con contenidos altos de sólidos y con viscosidades bajas. Algunas de las mejores suspensiones, de contenidos de sólidos más altos, que se produjeron durante ese proyecto tuvieron contenidos de sólidos mayores a 70% en volumen con viscosidades menores a ~400 cP.

Al mismo tiempo, muchas pilas de almacenamientos de carbón en la central eléctrica local (pilas enormes de trozos grandes del carbón) contenían mayores porcentajes del agua que los presentes en las suspensiones muy fluidas producidas en nuestra investigación. Para comprimir las pilas de almacenamiento de carbón en la central eléctrica, normalmente conducen los enormes bulldozers a través de las partes superiores de las pilas. Las distribuciones de tamaños de las partículas en las pilas de almacenamiento de carbón eran muy diferentes a aquéllas en nuestras suspensiones. Las partículas en nuestras suspensiones de contenidos altos de sólidos, se empacaron excepcionalmente bien. Los trozos del carbón en pilas de almacenamiento no se empacan bien de nignuna manera. Nuestras suspensiones eran fluidas (muy fluidas) a contenidos de sólidos en los que las pilas de carbón no expusieron ninguna propiedad de un fluido en modo alguno.

Sedimentación de partículas

Los tamaños de partículas en la suspensión afectan la estabilidad de las suspensiones. Las partículas coloidales permanecerán suspendidas dentro de los sistemas fluidos aún después de mucho tiempo de sedimentación. Las partículas grandes se precipitarán rápidamente cuando las suspensiones están en reposo y las velocidades de flujo son bajas.

La severidad de la sedimentación depende primariamente de los tamaños de las partículas suspendidas y de manera secundaria de la velocidad de flujo de la suspensión. Si varias bolas pesadas tiradas en una piscina constituyen una suspensión, obviamente las bolas se pueden sedimentar rápidamente y posarse en el fondo de la piscina. Muchos polvos de grano fino en la misma piscina, sin embargo, permanecerán suspendidos y continúan circulando con el agua hasta que entran al filtro y se remueven de la suspensión.

Usando la ley de Stokes, los índices de sedimentación de partículas en fluidos se pueden calcular así:

$$V = \frac{h}{t} = D^2 \frac{(\rho_P{}^2 - \rho_L{}^2)g}{18} \mu \qquad (3\text{-}2)$$

donde V = velocidad de una partícula que se sedimenta,
       h = distancia en la que la partícula se sedimenta en tiempo t,
       D = diámetro de partícula,
       ρ_P = densidad de partícula,
       ρ_L = densidad del medio líquido,
       t = tiempo de sedimentación,
       g = constante de la gravedad, y
       μ = viscosidad del medio líquido.

La ley de Stokes calcula índices de sedimentación sin impedimentos. La ley de Stokes no aplica cuando hay circunstancias que causan sedimentación con impedimentos. Un ejemplo de esto es cuando demasiadas partículas están en suspensión y las partículas se apiñan una con otra. Otro ejemplo es cuando se sedimentan las partículas más grandes y la turbulencia en su estela se arrastra a otras partículas. La ley de Stokes no se aplica en cualquiera de estos casos.

La ley de Stokes tampoco se puede usar para calcular la sedimentación de las partículas coloidales. Los coloides se afectan por movimiento Browniano, es decir, experimentan las fuerzas de sedimentación de gravitación como hacen todas las partículas, pero el movimiento Browniano puede causar que los coloides se muevan de manera aleatoria en cualquier dirección: hacia arriba, hacia abajo, o de lado. Así pues, las posiciones de las partículas coloidales no son previsibles usando la ley de Stokes.

Ciertas compañías de transporte de minerales bombean por tuberías, suspensiones acuosas que contienen partículas relativamente grandes de los sitios de mina a sus puntos del uso. Es bien conocido que las partículas grandes se sedimentan rápidamente en estas tuberías cuando el bombeo se para, tal como durante períodos del mantenimiento o durante las perturbaciones inesperadas.

Cada tubería, por lo tanto, tiene una velocidad mínima aceptable de flujo. La turbulencia dentro de la tubería, a todas las velocidades mayores que la velocidad mínima, previene la sedimentación de las partículas y las mantienen fluyendo en la corriente. Durante períodos de mantenimiento, estas tuberías deben vaciarse de sus suspensiones y llenarse de agua. Esto requiere que los estanques de almacenamiento grandes para las suspensiones y agua se sitúen a intervalos a lo largo de la longitud de la tubería. Antes de los períodos de mantenimiento, las suspensiones se vacían en los estanques y el agua se bombea para llenar la tubería.

Estas medidas extraordinarias son requisitos para poder usar tales tuberías. Si esas suspensiones se pueden sedimentar alguna vez en las tuberías, puede ser difícil (y probablemente imposible) lograr hacerlas fluir de nuevo y mantener las tuberías libres de obstrucciones.

Distribución de tamaño de partículas

La naturaleza de la distribución de tamaño de partículas (DTP), que se refiere a la distribución **entera**, no sólo a los tamaños de partículas medianas de la distribución, tiene un mayor efecto en las propiedades de reología de suspensiones. Una DTP que empaque bien y defina una porosidad interna baja cuando está densamente empacada, puede permanecer fluida a contenidos de sólidos muy altos. Una DTP que no empaque bien perderá sus propiedades fluidas relativamente rápido después de que los contenidos de sólidos exceden alrededor de 30% de sólidos en volumen (porcentaje del volumen).

A medida que ocurren cambios en la distribución de tamaño de partículas, la porosidad definida por un empaquetamiento denso de sus partículas también cambia. La porosidad contenida en un empaquetamiento denso define el volumen del líquido portador requerido para llenar todos los poros. A todos los posibles contenidos de sólidos menores del máximo, la distancia media entre partículas en la suspensión varia a medida que el contenido de fluido varía.

La manera simple para representar esto es comprender que el fluido portador en una suspensión tiene dos funciones: primero llena poros y luego el fluido en exceso separa las partículas.

Cuando ocurren cambios de distribución de tamaño de partículas de un lote a otro en una suspensión en la que el contenido de sólidos se controla estrechamente, las siguientes cosas ocurrirán: la porosidad y el empaquetamiento cambiarán con los cambios de distribución de tamaño de partículas; las partículas en la suspensión estarán más lejos o más cerca dependiendo del volumen de fluido que queda después de que los poros se llenan y la viscosidad de la suspensión disminuye o aumenta a medida que la distancia media entre las partículas aumenta o disminuye, respectivamente.

Los fenómenos primarios que controlan los comportamientos de reología en las suspensiones de contenidos altos de sólidos, son las interacciones entre las partículas. Cuando las DTP **no pueden** empacarse bien, las porosidades de empaquetamiento denso serán grandes, la mayor parte del fluido llenará los poros y el volumen de fluido remanente (el fluido que no está llenando los poros) será bajo. En tales casos, las distancias de Separación Ínter Particula (SIP) serán pequeñas, las interacciones entre partículas serán muchas y posiblemente severas y las viscosidades aparentes serán relativamente altas.

Cuando las DTP se **pueden** empacar bien, las porosidades del empaquetamiento serán pequeñas y sólo un pequeño volumen del fluido estará en los poros inter-partículas. Los volúmenes de los fluidos que están fuera de los poros serán relativamente grandes, las distancias de SIP serán grandes, las interacciones de partícula/partícula y sus intensidades se reducirán y las viscosidades aparentes serán relativamente bajas.

El número de colisiones promedio por unidad tiempo y la severidad de esas colisiones, son los contribuyentes principales a la definición de propiedades reológicas y viscosas en las suspensiones.

Si las distribuciones de tamaño de partículas de los lotes cambian frecuentemente, las suspensiones pueden cambiar súbitamente de aquéllas que fluyen bien a aquéllas que fluyen pobremente y viceversa.

Propiedades superficiales

La naturaleza de las partículas y sus propiedades superficiales también afectan las propiedades de la reología de suspensiones. Este es el caso especialmente cuando los contenidos de sólidos son suficientemente altos y hacen que las partículas choquen frecuentemente durante el flujo de la suspensión.

Cuando las superficies son relativamente lisas, las partículas pueden resbalar fácilmente una contra otra. Los aditivos orgánicos o poliméricos que recubren las partículas pueden reducir la fricción ínter particula y reducir las magnitudes de interacciones cuando los granos resbalan sobre otros. Cuando las superficies de las partículas son ásperas y rugosas, la fricción de partículas contra otras durante las colisiones puede estorbar el flujo y aumentar notablemente las viscosidades de la suspensión .

Los estados de gelificación y de floculación

Es normal que las partículas suspendidas en fluidos exhiban potenciales electrostáticos superficiales, que causan que las partículas puedan repelerse mutuamente. Cuando las partículas se aceran, las fuerzas superficiales electrostáticas tienden a cero y las fuerzas de Van der Waals causan que las partículas ejerzan atracción sobre otros granos. En las suspensiones, las fuerzas de atracción ínter partículas pueden causar que las partículas se floculen.

Las etapas iniciales de la floculación producen flóculos que se asemejan a bolas de polvo en un piso de madera noble. A medida que estas masas floculadas crecen (y lo hacen), se forman redes tridimensionales (3-D) de partículas que cubren el volumen entero del vaso, envase o estanque que contiene la suspensión. Tales estructuras de 3-D dentro de las suspensiones son las estructuras características producidas por la gelificación.

El nivel de fuerzas atractivas o repulsivas entre partículas en la suspensión depende del tipo de mineral de las partículas, el pH de la suspensión y las cantidades y tipos de los químicos aditivos que se han usado para alterar las propiedades superficiales de partículas.

Las suspensiones gelificadas que contienen grandes estructuras tridimensionales exhiben esfuerzos de cesión que deben ser excedidos antes de que las suspensiones empiecen a fluir. Si estructuras de gel son lo suficientemente fuertes, las partículas grandes que están en las estructuras se alejarán de la sedimentación. Si estructuras de gel son demasiado fuertes, esas suspensiones pueden ser extremadamente difíciles (o casi imposibles) de re-fluidificar.

Las suspensiones que exhiben los fenómenos de gelificación normalmente se caracterizan por la reología seudo plástica. Los fenómenos de gelificación construyen estructuras al mismo tiempo que la cizalladura y el flujo actúan para desarmar dichas estructuras. A cada conjunto de condiciones de cizalladura, las viscosidades de suspensión se moverán hacia un punto de equilibrio dinámico en el que el índice de gelificación se equilibra con el índice de derrumbamiento (o destrucción de las estructuras de gel) por cizalladura. Dado el tiempo suficiente, el equilibrio se puede lograr y entonces las viscosidades permanecen relativamente fijas.

En las suspensiones seudo plásticas, en velocidades altas de cizalladura, las porciones grandes de la estructura de gel se destruyen, los tamaños de los flóculos de partículas serán relativamente pequeños, tales flóculos se moverán fácilmente y las viscosidades aparentes serán relativamente bajas. A velocidades bajas de cizalladura, menos de la estructura de gel se destruirá, los flóculos independientes de partículas serán relativamente grandes y no se moverán libremente, más esfuerzo se requerirá para mantener flujo y las viscosidades aparentes serán relativamente altas.

Las estructuras de gel y su comportamiento de floculación no se aplican a los fluidos simples.

Las colisiones de partículas y las velocidades de cizalladura de procesos

Las colisiones de partículas dominan las propiedades de la reología en las suspensiones de contenidos altos de sólidos, así como las de las suspensiones de contenidos bajos de sólidos expuestas a velocidades altas de cizalladura.

Dado que las intensidades de las colisiones de partícula y las viscosidades aparentes de las suspensiones cambian a medida que las velocidades de cizalladura cambian, las velocidades de cizalladura del proceso se deben considerar cuando las suspensiones se bombean, mezclan, almacenan o manejan de alguna forma. A mayor contenido de sólidos de las suspensiones, más importantes es que tales suspensiones no se sometan a velocidades de cizalladura extremadamente altas.

Esto se discutirá con más detalle en los capítulos posteriores; para esta discusión, basta decir que las velocidades de cizalladura extremadamente altas y los contenidos altos de sólidos son las condiciones favorables para producir *dilatancia*.

Las reologías *dilatantes* son suspensiones de espesamiento por cizalladura – es decir, a medida que las velocidades de cizalladura aumentan, las viscosidades aparentes aumentan.

A tales condiciones, las partículas chocan frecuentemente una con otra y las viscosidades se incrementan rápidamente dado que las colisiones dominan y las intensidades de colisión se incrementan.

Hablando en términos generales, las reologías dilatantes son indeseables dentro de los sistemas de procesos cerámicos debido a los muchos problemas que causan.

Obstrucciones dilatantes

En casos extremos, las colisiones de partículas pueden causar la formación de *obstrucciónes dilatantes*, en las que todas las partículas se pegan o bloquean en su posición y todo el flujo cesa. Cuando ocurre una obstrucción dilatante, el aplicar más presión y esfuerzos más altos, sólo causa que la obstrucción se empaque más y se fortalezca. Relajar el esfuerzo en tales obstrucciones **no** garantiza, sin embargo, que éstas se romperán y desaparecerán. En la mayor parte de los casos, una vez una obstrucción ha formado, no se dividirá o no permitirá que las partículas se dispersen.

Uno de dos fenómenos ocurre normalmente cuando una obstrucción dilatante se ha formado: (1) la presión se intensifica y la obstrucción es empuja hacia adelante, acompañada por abrasión severa donde sus filos exteriores se arrastran contra las paredes y se raspa el canal de flujo; o (2) todo el flujo cesa y las presiones y esfuerzos se intensifican hasta que algo se rompe. Estos fenómenos se discutirán con más detalle en los capítulos posteriores.

Ninguno de tales problemas es posible en los fluidos simples. Estos fenómenos sólo son posibles cuando las partículas están mezcladas con fluidos para producir suspensiones.

Empaquetamiento indeseado de polvo

Para medir la presión de un gas comprimido o un líquido simple, se usa un indicador de presión. Los indicadores de presión comunes usan tubos Bourdon – tubos de metal flexible en forma de C se articulan mecánicamente a las agujas de los indicadores. Cuando presión se eleva, los tubos curvos se enderezan un poco. Este movimiento, articulado mecánicamente a la aguja, corresponde a la presión.

Cuando un indicador de presión se une directamente en una tubería de trasporte de una suspensión, rápidamente se arruinará porque las partículas en la suspensión se empacarán firmemente en el tubo Bourdon y rápidamente lo vuelven no flexible. Con el tiempo, sus medidas llegarán a ser una sola permanentemente dado que está enclavado en una sola posición, no dará todas las indicaciones de la presión y se arruinará.

Existen componentes especiales para tubos para medir las presiones de las suspensiones. Tales componentes contienen mangas de goma con aceite a dentro, que se ponen dentro de un trozo de tubo; las mangas separan las suspensiones dentro de tubo, del aceite dentro de esas mangas de goma y del indicador de presión. Los indicadores de presión en estos componentes, que están llenos de aceite, sienten la presión del mismo. Cuando la suspensión fluye por el tubo, la presión se transmite completamente a través de la manga de goma al aceite y de esa forma, la presión del aceite es la misma que la presión de la suspensión.

Los componentes especiales como estos, que están diseñados para trabajar con las suspensiones, son aditamentos necesarios en los sistemas de tubería de manejo de suspensiones; son considerablemente más caros que los accesorios normales para tubería y que los indicadores de presión a los que estamos acostumbrados a usar con los fluidos simples, pero no se arruinarán por las partículas contenidas en las suspensiones.

Abrasión

Otro problema que ocurre cuando las suspensiones se bombean es que las partículas abrasionan los tubos y todo lo que esté en ellos. Por ejemplo, el equipo de investigación del autor una vez puedo examinar un viscosímetro en línea y una mezcladora de alta intensidad en línea en un sistema de tubería de una suspensión de contenido alto de sólidos en una planta piloto de producción. Ambas cabezas de los sensores (del viscosímetro y de la mezcladora) estaban arruinadas por la abrasión después de una hora de haberse terminado su instalación y empezado su uso inicial.

Se sabe que las bombas que se usan con suspensiones se desgastan rápidamente por la fricción de las partículas. Las tolerancias o espacios entre los impulsores y las paredes interiores de bombas, que deben ser relativamente pequeños, crecen rápidamente en tamaño debido a la abrasión. A medida que esas distancias entre los rotores y las paredes crecen, las presiones de salida de las bombas disminuyen. Cuando las suspensiones entran contacto con los cojinetes de la bomba y la mezcladora, los cojinetes se rompen rápidamente con el uso — a veces, como el autor ha experimentado, en cuestión de minutos.

Muchos componentes que trabajan bien en los sistemas de tuberias, bombas y mezcladoras que se usan para fluidos simples no son suficientemente robustos para resistir los entornos abrasivos en los sistemas de suspensiones.

Estabilidad de suspensión

Sedimentación

Los fluidos simples no contienen nada que puedan sedimentarse, así que la estabilidad no es una consideración. Las partículas en suspensión, sin embargo, pueden posarse o asentarse, por eso la estabilidad de las suspensiones debe tomarse en la cuenta cuando se estén diseñando esos procesos.

En los estanques de almacenaje de proceso, las suspensiones requieren agitación para producir recirculación (particularmente el flujo ascendente en el estanque) para contrarrestar las tendencias de sedimentación. Ciertos agitadores producen el flujo hacia arriba del estanque, otros agitadores no lo hacen[7].

Como un ejemplo, considérese un tanque alto con diámetro relativamente pequeño, que se usaba para dosificar volumétricamente una suspensión en una operación por lotes. Este tanque no se agitaba correctamente. En un período de tiempo dado, la gravedad específica en el fondo del estanque creció significativamente con relación al promedio y la gravedad específica en la parte superior del estanque disminuyó significativamente por debajo del promedio. La suspensión se dosificó del fondo de este estanque, así la gravedad específica de la suspensión varió de alta a baja a medida que el estanque se fue vaciando y a medida que se sacaban porciones del contenido, para alimentar la operación por lotes. Hasta que no se consideró la estabilidad de la pasta en este proceso y se hicieron cambios, las adiciones fijas de volumen de este tanque no estuvieron suministrando una masa fija de partículas al lote principal de producción.

Las velocidades de flujo en sistemas de tubería

Otro fenómeno que debe considerarse es la velocidad real de flujo en un tubo. Los fluidos de alta viscosidad como la melaza, se pueden bombear por tubos de diámetro relativamente grande sin ningún problema de sedimentación.

Partículas en suspensión, sin embargo, pueden posarse en un tubo si la velocidad de flujo es demasiado baja (o ninguna). Con el transcurso del tiempo, tal sedimentación disminuirá el diámetro utilizable del tubo y puede llevar finalmente a la obstrucción total del tubo. En dependencia del índice del flujo y las propiedades de suspensión, las partículas grandes pueden sedimentarse mientras las partículas pequeñas se entregan al proceso. Cuando ocurre sedimentación en un tubo como una función del tamaño de las partículas, la distribución (DTP) de tamaño de las partículas de la suspensión que se entrega al sistema no será idéntica a la DTP de la suspensión que se alimenta al tubo.

Como un ejemplo de este fenómeno, el autor ha visto un sistema de tubería para las suspensiones que fue diseñado con un **único** tubo de acero inoxidable desde el estanque de almacenamiento al sitio de proceso. Las velocidades de flujo en este tubo, que incluían una larga longitud horizontal, eran extremadamente bajas. El proceso funcionaba de manera intermitente, así que existieron grandes períodos de tiempo sin flujo en modo alguno. Durante estos periodos, partículas de la suspensión se estaban sedimentando en el tubo. Si este tubo hubiera contenido un fluido simple en lugar de una suspensión, el diseño podría haber trabajado bien.

La figura 3.2A muestra una diagrama de este sistema como estaba diseñado e instalado. La figura 3.2B muestra cómo debiera haberse modificado este diseño para acomodar la suspensión. La figura 3.2A muestra el tanque, una bomba y el largo tubo horizontal al proceso. Una

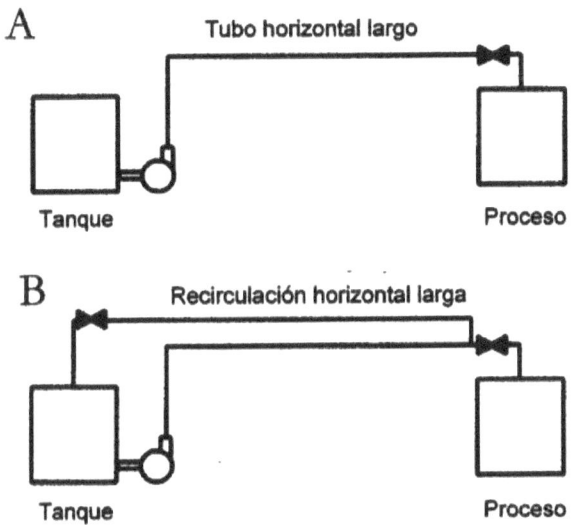

Figura 3.2 (A) El sistema de tubería para los fluidos simples
y (B) mostrando cambia para acomodar suspensiones

válvula controlaba el flujo al proceso. Este es un buen diseño para fluidos simples.

El tubo de acero inoxidable desde la bomba hasta el proceso era de un diámetro relativamente grande (una pulgada de diámetro). Habiendo tenido un fluido simple de viscosidad baja (agua, por ejemplo), un tubo de cobre de un cuarto de pulgada de diámetro podría haber sido suficiente.

Estas dos caracteristicas, el diámetro más grande y el tubo de acero inoxidable, pueden haber sido los intentos del diseñador para convertir el diseño para fluido simple para que pudiera manejar una suspensión. El tubo de acero inoxidable era una buena elección. El diámetro aumentado del tubo y una única línea que iba desde el tanque hasta el proceso no eran apropiados para los sistemas de suspensión.

Para acomodar la suspensión, el diseño debería haber sido como el que se muestra en la figura 3.2B. El tubo de acero inoxidable es una buena elección (para resistencia a la abrasión), pero el diámetro de tubo puede ser menor de una pulgada, para mantener las velocidades de flujo adecuadas a prevenir la sedimentación de las partículas. La recirculación al proceso y de vuelta al estanque, permite que el flujo de la suspensión sea continuo. Si la velocidad de flujo de la suspensión es adecuada para prevenir la sedimentación de partículas, el flujo continuo no permitirá que las partículas se sedimenten en el tubo principal.

El único lugar en el que las partículas pueden posarse en el sistema mostrado en (B), es entre la válvula de proceso y el proceso. Cuando esta distancia se hace tan corta como sea posible, la posibilidad de que haya problemas de sedimentación se minimiza.

El sistema de tuberías en figura 3.2A trabajará bien para un fluido simple con viscosidad alta, pero no es bueno para una suspensión de viscosidad alta.

Ninguna característica extraordinaria, tal como la recirculación continua que se muestra en la figura 3.2B, es necesaria cuando un sistema de tubería sólo contiene un fluido simple.

Efectos del fluido en la reología

No hay mucho que se pueda hacer a los fluidos portadores en las suspensiones para cambiar los comportamientos de reología de esas suspensiones. Siempre es posible, sin embargo, añadir más fluido para diluir una suspensión que está causando problemas.

Muchos ceramistas consideran su contenido de agua particular (es decir, la gravedad específica de su suspensión de proceso) una característica *sagrada;* no se puede tocarse o cambiarse. En la opinión del autor, esto también debe pensarse cuidadosamente. Si uno mantiene constante una característica de la suspensión, debe ser la Separación Ínter Partícula (SIP — es decir, la distancia media entre partículas en la suspensión) la que se mantenga constante, no los contenidos de fluido.

A medida que la distribución de tamaño de partículas (DTP) de proceso cambia de lote a lote, la SIP variará cuando los contenidos de sólidos se mantienen constantes. Como la DTP cambia de lote a lote, la SIP **puede** permanecer constante si los contenidos de sólidos se cambian en respuesta a los cambios a la capacidad de empacamiento de la DTP.

La SIP es importante, si el objetivo es mantener la similitud de interacciones entre partículas en la suspensión. Si la SIP es constante, la distancia promedio entre partículas sobre las que fuerzas electrostáticas inter partículas y otras fuerzas actúan, queda constante. A tales condiciones, las interacciones de partícula/partícula y los fenómenos de atracción – repulsión inter partículas pueden permanecer similares de lote a lote.

Cuando la SIP es grande un día y pequeña el próximo día, correspondiendo a la viscosidad baja un día y la viscosidad alta el próximo, la tendencia de los ceramistas es ajustar las viscosidades de proceso ajustando las concentraciones químicas de los aditivos. Los ajustes a concentraciones de aditivos de floculación y de defloculación se acostumbran para controlar las propiedades de reología de suspensiones y pastas cerámicas. En este ejemplo, sin embargo, usando las adiciones químicas para corregir los problemas de SIP (que es un problema de física de partícula, no un problema químico) es un intento para dar solución de práctica química a un problema de física de partículas. A veces tales soluciones funcionarán, a veces no.

Tales soluciones en realidad se dirigen a síntomas más que a los problemas. Si la viscosidad de uso de una suspensión aumenta porque las partículas hoy están más cercanas que ayer (SIP es menor), cambiar las propiedades superficiales de las partículas con los químicos de defloculación puede ayudar para reducir la viscosidad utilizable (el síntoma), pero no se hace nada para aumentar la SIP (que es el problema fundamental).

Llevados a los extremos, tales ajustes químicos pueden causar las suspensiones de proceso que tienen una viscosidad aparente fija a una velocidad de cizalladura particular, varien de comportamientos altamente floculados un día a altamente defloculados el próximo. Las suspensiones altamente floculadas son frequentemente seudo plásticas, mientras que las suspensiones altamente defloculadas frequentemente son dilatantes. Los ajustes químicos diarios, como se mostraba en este ejemplo, pueden causar oscilaciones en reología de la suspensión y en el desempeño de proceso.

Para reconocer que la DTP ha cambiado y hacer las correcciones necesarias, se requiere que la DTP se controle precisa y rutinariamente. Muchas compañías no controlan suficientemente, ni intentan controlar la DTP. Hacer ajustes para corregir DTP fluctuantes no es fácil, pero tales correcciones se dirigirán a los problemas más que a los síntomas.

Cuando los ajustes de DTP no son una opción, la dilución todavía queda como una posibilidad. Cuando la SIP en proceso disminuye y viscosidades de suspensiones crecen, la dilución puede aumentar la SIP sin hacer algunos de los cambios a la DTP o algunos de los cambios a las concentraciones de los aditivos químicas.

Una vez más, ninguna de estas consideraciones es necesaria al tratar o trabajar con fluidos simples.

Efectos aditivos químicos en la reología

Los aditivos químicos se usan rutinariamente para *deflocular* suspensiones a fin de reducir sus viscosidades o para *flocular* suspensiones, es decir, para aumentar sus viscosidades. Las suspensiones defloculadas tienen propiedades características de reología muy diferentes a las suspensiones floculadas. Las suspensiones defloculadas también tienen comportamientos muy diferentes en entornos de proceso a las suspensiones floculadas. Estas características y comportamientos deben ser bien comprendidos cuando las adiciones químicas se usan en las suspensiones y pastas cerámicas.

Para mostrar los efectos de las adiciones químicas, la discusión se enfocará en casos extremos, reconociendo que la mayor parte de los pastas de proceso cerámicos expone las propiedades más moderadas entre los extremos.

Floculación y defloculación

Sólo para asegurarnos de que todos estamos en la misma página, es decir que entendemos lo mismo, necesitamos definir los términos *floculación* y *defloculación*. Las definiciónes[8] de Profesor Funk son más apropiadas para este propósito. (Esta historia es mejor en Inglés, porque el término *rebaño* en Inglés es *flock*.) Cuando pastores cuidan sus rebaños ("flocks") de ovejas por la noche, las ovejas se "*flock-ularán*" a medida que se reúnen alrededor del pastor. Si el pastor no está presente y un lobo salta en el centro del rebaño, las ovejas se "*des-flock-ularán*" y se esparcirán por el campo.

Las partículas *floculadas* ejercen atracción las unas a las otras. Ellas se acercarán estrechamente una a otra, primero formando "flocs" (floculos) pequeños y finalmente formando las estructuras tridimensionales más grandes.

Las partículas *defloculadas* se repelen mutuamente. Ellas se esparcen y toman posiciones tan lejos de las otras com sea posible. Aun cuando los contenidos de fluidos disminuyen y las partículas se ven forzadas a acercarse a las otras, las partículas defloculadas permanecerán tan lejos como les sea posible dentro de los límites de las nuevas propiedades físicas de las partículas.

Partículas en suspensiones floculadas *parcialmente* o defloculadas *parcialmente* ejercen atracción o causan repulsión con las otras, pero con menos fuerzas atractivas o repulsivas.

Defloculación extrema

Dentro de suspensiones que estén altamente defloculadas, todas las partículas causarán una fuerte repulsión con las otras. Esto sucede cuando sus superficies están altamente cargadas electrostáticamente ya sea positivamente o negativamente (los módulos de las potenciales zeta son > ~60mV). Cargas semejantes causan repulsión. A tales condiciones, todas las partículas se repelen la una a la otra y permanecen tan alejadas como les sea posible.

En suspensiones altamente defloculadas donde la mayoría de las partículas viaja independientemente de las otras, las partículas más pequeñas preferentemente viajan con los fluidos; las partículas más pequeñas usualmente se arrastran con el fluido. Las partículas gruesas que tengan masas y momentos relativamente grandes, se verán relativamente inafectadas por el movimiento del fluido de portador. Como consecuencia, los polvos en tales suspensiones se segregarán (des-mezcla) según el tamaño durante el flujo, la gelificación será mínima y los efectos de cojín de las estructuras de gel no estarán presentes. Sin los efectos de cojín de las estructuras de gel, las energías de colisión de partícula a partícula durante el flujo serán relativamente altas y las suspensiones serán dilatantes aún a condiciones bajas de cizalladura.

Las suspensiones dilatantes son propensas a formar obstrucciones dilatantes, como discutió más atrás. Cuando se esté tratando con la dilatancia y especialmente al tratar de prevenir tales obstrucciones, las condiciones de cizalladura en suspensiones altamente defloculadas deben permanecer bajas.

Cuando las suspensiones altamente defloculadas se deshidratan, las partículas más pequeñas viajan libremente con los fluidos y fluyen hacia el filtro, donde se son depositan. Si los índices iniciales de deshidratación son altos, las tortas o galletas de filtro-prensa se pueden formar en estratos con las partículas más pequeñas en la superficie de filtro, seguido por estratos de las partículas más grandes. El tamaño de los poros en el primer estrato de partículas predominantemente coloidales será muy pequeño. La porosidad en este estrato será alta, pero los tamaños de poros serán muy pequeños.

Si las partículas coloidales forman el primer estrato depositado en una operación de filtroprensa o en el colado de una barbotina, el índice promedio de deshidratación será lento porque todo el fluido que debe extraerse debe pasar por ese primer estrato. El filtro-prensando, el colado de barbotinas, el secado y cualquiera otra operación de deshidratado, en que el agua debe pasar por un estrato con tales pequeños poros, será extremadamente lento.

Cuando las piezas cerámicas se forman con barbotinas altamente defloculadas, las partículas permanecerán móviles mientras les sea posible. Las estructuras entre tales partículas se demoraran para formarse. Cuando las partículas finalmente se ponen en contacto con las demás, los poros a lo largo de las estructuras normalmente son muy pequeños.

Los empacamientos formados con las barbotinas defloculadas tienen la tendencia a ser densos, se secarán lentamente porque los poros son pequeños y exhibirán contracciones en quema relativamente bajas.

Floculación fuerte

Cuando las suspensiones están altamente floculadas, las cargas superficiales electrostáticas de las partículas serán casi cero. Esto normalmente ocurre cuando los cationes multivalentes como Ca^{++}, Mg^{++} o Al^{+++} en la forma de sales solubles y parcialmente solubles de Cl^-, SO_4^{-2} y CO_3^{-2}, por ejemplo, se añaden a las suspensiones. Como las cargas superficiales electrostáticas disminuyen hacia el cero y las fuerzas repulsivas desaparecen, las fuerzas de atracción de Van der Waals determinan el comportamiento y fuerzan las partículas en conjunto para formar las estructuras de gel.

Se puede esperar que las suspensiones altamente floculadas puedan exhibir un comportamiento de gelificación fuerte. Algunas sales inorgánicas son sólo parcialmente solubles en agua, así los cationes se pueden liberar dentro de circulación en suspensiones en grandes períodos de tiempo (desde horas a días).

Las estructuras de gel en suspensiones altamente floculadas se construyen rápidamente y generalmente derrumban fácilmente durante el flujo. El comportamiento seudo plástico es típico de las suspensiones floculadas. Durante el flujo, las partículas en las suspensiones floculadas normalmente no exhiben ninguna tendencia a segregarse por tamaño. Los fenómenos atractivos de gelificación fuerzan todas las partículas a juntarse formando la estructura de gel. Estas fuerzas de atracción son especialmente fuertes en las partículas más pequeñas. Así, a diferencia del comportamiento en suspensiones defloculadas, las partículas coloidales en las suspensiones floculadas no fluyen con el fluido sino que rápidamente se ven atadas e inmovilizadas por la estructura de gel.

La porosidad inter partícula en los sistemas floculados se caracteriza por canales de poros relativamente grandes y abiertos. Este hecho facilita que los líquidos fluyan de forma relativamente fácil a través de las estructuras del gel. Las operaciones de filtro-prensado, vaciado y secado ocurren fácil y rápidamente en las suspensiones y pastas floculadas para formación.

Los grandes esfuerzos de cesión, también son característicos de las suspensiones altamente floculadas. Cuando las suspensiones se dejan reposar por largos periodos de tiempo, las fuertes estructuras de gel que se forman pueden hacer que sea difícil superar los esfuerzos de cesión cuando las suspensiones se empiezan a bombear de nuevo o se pretende hacerles algún otro proceso.

Floculación extrema y sinéresis

La *sinéresis* puede ocurrir en las suspensiones cuando los niveles de floculación son extremos. Cuando la sinéresis ocurre, las partículas se fuerzan tan estrechamente a juntarse, formando estructuras de gel tan densas, que los fluidos inter partículas se expulsan.

En suspensiones *sineréticas*, los fluidos expulsados aparecen normalmente como sobrenadantes y son claros y a medida que las estructuras de gel se densifican, se producen rupturas relativamente grandes en la estructura de gel a medida que el fluido continúa expulsándose. Cuando la sinéresis ocurre en pastas para formación, productos de extrusión y tortas de filtro-prensa, estos se pueden rajar y romperse las piezas; las piezas pueden literalmente deshacerse.

Cuando la sinéresis es visible en extrusiones y tartas, continuará causando problemas después de que los cerámicos se han formado.

Estados de floculación/defloculación deseada

Nunca es deseable tener alguno de los dos extremos – la defloculación extrema o la floculación extrema – en los sistemas de procesamiento cerámico. Los estados deseables para las pastas y barbotinas cerámicas de formación deben ser **parcialmente** floculado o **parcialmente** defloculado. La palabra más importante aqui es "**parcialmente**".

Hacer ajustes a las aditivos químicos para lograr una *viscosidad* particular de proceso a una velocidad de cizalladura conocida y sin prestar atención a las *propiedades de reología* de la pasta, es peligroso. La DTP y otras características de físicas de partícula pueden cambiar suficientemente de lote a lote para causar grandes oscilaciones en el estado de defloculación/floculación después de que se hacen los ajustes químicos. Puede ser posible lograr las viscosidades de control ajustando los niveles de adiciones de químicos para lograr floculación o defloculación, pero las reologías resultantes pueden variar extensamente y los pastas pueden exhibir, como consecuencia, dramáticas oscilaciones de comportamientos en el proceso.

Las *viscosidades* y *reologías* de la suspensión deben considerarse conjuntamente para garantizar la similitud de las propiedades de las barbotinas diariamente y de lote a lote.

Resumen

En este capítulo, la discusión se enfocó en las diferencias entre las propiedades de los fluidos simples y las propiedades de suspensiónes.

Muchas consideraciones que deben aplicarse a los sistemas de procesamiento de suspensiones, tal los que se discutieron en este capítulo, son totalmente ajenas o diferentes de alcance de las consideraciones que aplican a los fluidos simples.

A medida que continúe este texto, se suministrarán más detalles referentes a los fenómenos que se discutieron en este capítulo que aplican a suspensiones, pero no tienen ninguna aplicación en los fluidos simples.

Capítulo Cuatro

Reologías independientes del tiempo

Hay dos categorías generales de la reología: independiente del tiempo y dependiente del tiempo. En este capítulo, introduciremos y discutiremos las reologías independientes del tiempo.

La figura 4.1 muestra seis reologías independientes del tiempo. Se consideran independientes del tiempo porque la duración de la aplicación de la cizalladura no tiene ningún efecto en estas propiedades de reología. El comportamiento dilatante (espesamiento por cizalladura)

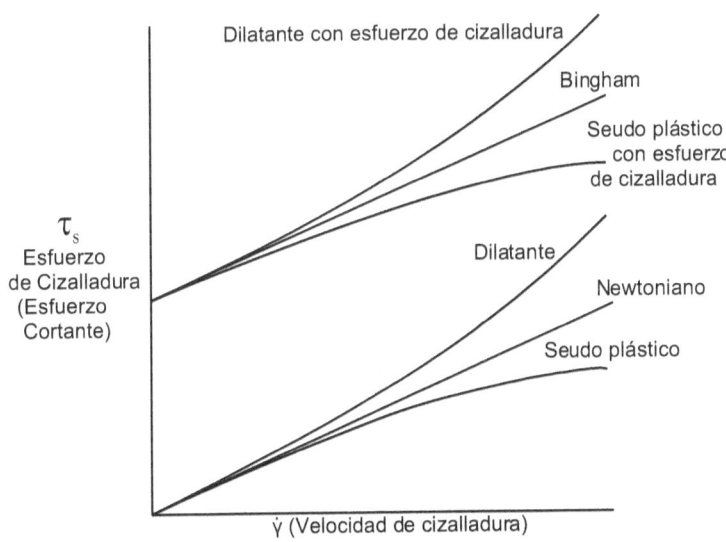

Figura 4.1. Reologías independientes del tiempo

49

se caracteriza por aumentar las viscosidades aparentes cuando las velocidades de cizalladura se aumentan. Los comportamientos seudo plásticos (adelgazamiento por cizalladura) se caracterizan por disminuir las viscosidades aparentes a medida velocidades de cizalladura se aumentan. Las relaciones del esfuerzo cortante con la velocidad de cizalladura permanecen fijas para los fluidos newtonianos (fluidos simples) y sus reogramas exhiben un comportamiento lineal, que comienza en el origen del diagrama.

Los mismos tres tipos de comportamiento también ocurren después de que el esfuerzo aplicado ha excedido un valor determinado del esfuerzo de cesión. Estas tres reologías se conocen como dilatante con esfuerzo de cesión, seudo plástica con esfuerzo cedente y Bingham.

Cinco de las seis reologías que se muestran en la figura 4.1 son reologías no newtonianas. La sexta reología es la reología simple *newtoniana* de viscosidad fija. Todas las cinco reologías en las que las relaciones del esfuerzo cortante con la velocidad de cizalladura no son fijas sobre todo el rango de las velocidades de cizalladura, se conocen como fluidos *no newtonianos*.

Viscosidad aparente

La *viscosidad aparente*, μ_a, de una suspensión se define como la relación del esfuerzo de cizalladura medida a la velocidad de cizalladura aplicada y eso se aplica específicamente a las condiciones de medición. Se puede decir entonces, por ejemplo, que una suspensión tiene una viscosidad aparente de 1000 mPa·s a 250 s^{-1}. Nótese que se especifican tanto la viscosidad, como la velocidad de cizalladura a la que se hace la medición. Para describir cualquier fluido no newtoniano, se requieren la viscosidad aparente y la velocidad de cizalladura a la que se hace la medición.

La figura 4.1 muestra únicamente un fluido newtoniano. Todo los otros fluidos newtonianos tendrán también comportamientos lineales empezando en el origen del diagrama (cero esfuerzo cortante y cero velocidad de cizalladura). Los comportamientos lineales de otros fluidos newtonianos se caracterizan por inclinaciones (pendientes) diferentes. Refiérase de nuevo a la figura 2.3. Los fluidos de viscosidades altas tendrán pendientes más empinadas que el fluido que se muestra en figura

4.1. Los esfuerzos cortantes aumentarán rápidamente a velocidades de cizalladura relativamente bajas. Los fluidos de viscosidades bajas, tendrán pendientes más bajas que el fluido que se muestra en figura 4.1. Las reogramas de los fluidos de viscosidad baja permanecerán relativamente cerca del eje de la velocidad de cizalladura y alcanzan velocidades de cizalladura altas con la aplicación de pequeños esfuerzos cortantes.

Las viscosidades aparentes de los fluidos no newtonianos tienen características similares. Todos los puntos que están en la región superior izquierda en un reograma donde esfuerzos cortantes son altos, pero las velocidades de cizalladura son bajas, exhiben viscosidades aparentes relativamente altas. Todos los puntos en un reograma que están en la región inferior derecha del diagrama donde los esfuerzos cortantes son bajos, pero las velocidades de cizalladura son altas, exhiben viscosidades aparentes relativamente bajas.

Nótese que la *viscosidad*, o más precisamente la *viscosidad aparente*, de un fluido o suspensión **no es** la inclinación del reograma en un punto, sino la relación del esfuerzo cortante a la velocidad de cizalladura en ese punto. Lo que sucede es que la relación del esfuerzo cortante con la velocidad de cizalladura y la inclinación de la reograma son idénticos matemáticamente en los fluidos newtonianos, pero los dos son normalmente muy diferentes en los fluidos no newtonianos. La definición de la viscosidad a recordar, es que la viscosidad aparente de un fluido es **la relación del esfuerzo cortante con la velocidad de cizalladura** en el punto de la medición en el reograma.

Esfuerzo cortante (esfuerzo de cesión)

Las tres categorías de fluidos no newtonianos en la figura 4.1 exponen esfuerzos de cesión. En cada caso, el esfuerzo aplicado debe exceder el esfuerzo de cesión antes de que el flujo pueda empezar. Los fluidos simples no exhiben esfuerzos de cesión porque, por definición, un fluido newtoniano simple fluirá a cualquier esfuerzo aplicado, sin consideración alguna de cuan pequeño sea el esfuerzo.

Todas las pastas cerámicas deben presentar esfuerzos de cesión para que las piezas puedan mantener sus formas después de su proceso de formación. Sin esfuerzos cortantes, las cerámicas no podrían formarse y no habría ninguna industria cerámica como la conocemos. Ciertas pastas, formas y procesos de formación requieren esfuerzos de cesión más altos que otros, pero **todas** las pastas de producción exhibirán esfuerzos de cesión.

Fluidos seudo plásticos (adelgazamiento por cizalladura)

Las viscosidades aparentes de los fluidos seudo plasticos disminuyen a medida que las velocidades de cizalladura aumentan. Nótese que el punto no es si el reograma empieza en cero velocidad de cizalladura con una viscosidad aparente más alta o más baja que el fluido newtoniano mostrado en figura 4.1; el punto es cuál es la dirección que toman los reogramas a medida que las velocidades de cizalladura aumentan. Para suspensiones seudo plásticas, el reograma se encorvará hacia el eje de la velocidad de cizalladura.

Cuando las reogramas se trazan como en la figura 4.1 mostrando los esfuerzos cortantes contra las velocidades de cizalladura, las reogramas de los fluidos seudo plásticos se encorvarán (tenderán) hacia la horizontal a medida que las velocidades de cizalladura aumentan. En fluidos y suspensiones seudo plásticos, menos incrementos del esfuerzo cortante se requieren para lograr velocidades de cizalladura más altas.

Fluidos dilatantes (espesamiento por cizalladura)

Las viscosidades aparentes de los fluidos dilatantes aumentan a medida que las velocidades de cizalladura aumentan. En diagramas de esfuerzo cortante contra la velocidad de cizalladura como en la figura 4.1, los reogramas de los fluidos dilatantes tenderán hacia la vertical a medida que las velocidades de cizalladura aumentan.

En fluidos dilatantes, se requieren más y más incrementos del esfuerzo cortante para lograr las velocidades de cizalladura más y más altas. El caso extremo en los fluidos dilatantes ocurre cuando se aplica tanto esfuerzo cortante que toda la cizalladura y todo el flujo se detienen. Esto se conoce como una *obstrucción dilatante*.

Las obstrucciones dilatantes se mencionaron brevemente en Capítulo 3. Justo antes de que una obstrucción dilatante se forme, los esfuerzos cortantes aumentarán rápidamente y la línea del reograma se acelerará hacia la vertical. Al momento exacto en que la obstrucción se forma y la cizalladura y el flujo paran, **el reograma ya no aplica**. La razón es que muchos viscosímetros continuarán indicando condiciones de cizalladura relativamente altas, aún cuando las partículas están bloqueadas en conjunto en una obstrucción en que ninguna cizalladura o deformación está occuriendo.

Dependiendo del diseño del viscosímetro que se esté usando, una obstrucción dilatante puede resbalar contra las superficies de viscosímetro y producirá mediciones falsas. Los viscosímetros, si no están correctamente diseñados, pueden dañarse cuando ocurren obstrucciones dilatantes.

Suspensiones Bingham

El reograma que sea denomina como *Bingham* en la figura 4.1 corresponde matemáticamente a un fluido newtoniano que expone un esfuerzo de cesión. El reograma de Bingham es el reograma ideal de un material *plástico*. Es cuestionable, sin embargo, si los fluidos ideales de Bingham realmente existen. Muchas suspensiones que han sido etiquetadas como *Bingham* son probablemente seudo plásticas con esfuerzo de cesión o dilatantes con esfuerzo cedente.

El rasgo más atractivo de los fluidos de Bingham es la simplicidad de su ecuación. Un reograma newtoniano expone el comportamiento lineal al origen, como se muestra en las ecuaciones (2-9) y (2-12). La ecuación de Bingham es idéntica, pero con la adición del esfuerzo cedente como se muestra en ecuación (4-1):

$$\tau_s = \mu \, \dot{\gamma} \qquad\qquad (2\text{-}12)$$

$$\tau_s = \mu_B \, \dot{\gamma} + \tau_y \qquad\qquad (4\text{-}1)$$

$$Y = mX + b \qquad\qquad (4\text{-}2)$$

La ecuación (4-1) es la ecuación de una línea recta con la inclinación, **m**, igual a la viscosidad, μ_B, y la intersección–Y, **b**, igual al esfuerzo cortante, τ_s. En esta ecuación, la inclinación de la línea, μ_B, es llamada la *viscosidad de Bingham*.

Matemáticamente, la ecuación de Bingham describe un fluido newtoniano con un cambio en el origen, de manera que así el reograma intercepta el eje de esfuerzo cortante en el valor del esfuerzo de cesión. La viscosidad de Bingham en la ecuación (4-1) es la inclinación de su línea recta, así como la viscosidad newtoniana es la inclinación de su línea recta en la ecuación (2-12). La reología de Bingham es popular a causa de que es matemáticamente simple.

Las mediciones de las viscosidades aparentes de las suspensiones de Bingham, sin embargo, son muy diferentes de la viscosidad de Bingham, μ_B, en la ecuación (4-1). Esto puede ser muy confuso. Las viscosidades aparentes medidas son siempre las relaciones de los esfuerzos cortantes aplicados a las velocidades de cizalladura de la medición. La viscosidad de Bingham es la inclinación matemática de la ecuación de Bingham que caracterice los datos medidos.

Las viscosidades aparentes nunca se deben confundir con las viscosidades de Bingham, pues se calculan de manera diferente y tienen significados físicos diferentes. Las viscosidades aparentes son útiles en la planta y en el laboratorio. Las viscosidades aparentes sólo se acercan al valor de la viscosidad de Bingham en el límite alto de la cizalladura de la viscosidad aparente. Así la viscosidad de Bingham es sólo significativa en una manera práctica, a las velocidades de cizalladura altas. A más velocidades de cizalladura de los procesos, las viscosidades de Bingham tendrán valores considerablemente más bajos que las viscosidades aparentes medidas.

La simplicidad de la ecuación de Bingham permite que se pueda usar, con algunas suposiciones simplificadas, para calcular los esfuerzos de cesión de los reogramas medidos sobre el rango de velocidad de cizalladura de interés. Para hacer eso, se pueden usar dos esfuerzos cortantes medidos (a dos velocidades de cizalladura) para definir la línea recta de la reograma de Bingham que entonces se puede usar para calcular el esfuerzo de cesión para ese fluido. Nosotros usamos tales procedimientos en nuestro libro de texto[9] para calcular los esfuerzos de cesión así como la gelificación y otros parámetros de reología de las suspensiones cerámicas.

Viscosidad contra velocidad de cizalladura

La figura 4.1 muestra los comportamientos de las seis reologías trazados como esfuerzos cortantes contra velocidades de cizalladura. La figura 4.2 muestra estas mismas seis reologías trazados como viscosidades aparentes contra velocidades de cizalladura.

El esfuerzo de cesión de la figura 4.1 corresponde a una viscosidad extremadamente alta al principio de la curva dado que las velocidades de cizalladura se acercan cero en la figura 4.2. A partir de estas altas viscosidades iniciales, las viscosidades de todas las tres reologías disminuyen rápidamente y se acercan a sus reologías homólogas sin esfuerzo de cesión a medida que las velocidades de cizalladura aumentan.

La reología newtoniana en figura 4.2 es una línea horizontal que indica la viscosidad fija sobre el rango entero de las velocidades de cizalladura. Las viscosidades aparentes de las suspensiones de Bingham se acercan al comportamiento de viscosidad fija newtoniana a velocidades de cizalladura altas. Las viscosidades aparentes de reologías dilatantes con esfuerzo de cesión, se acercan a los comportamientos de viscosidad dilatante a las velocidades de cizalladura altas. Viscosidades aparentes de

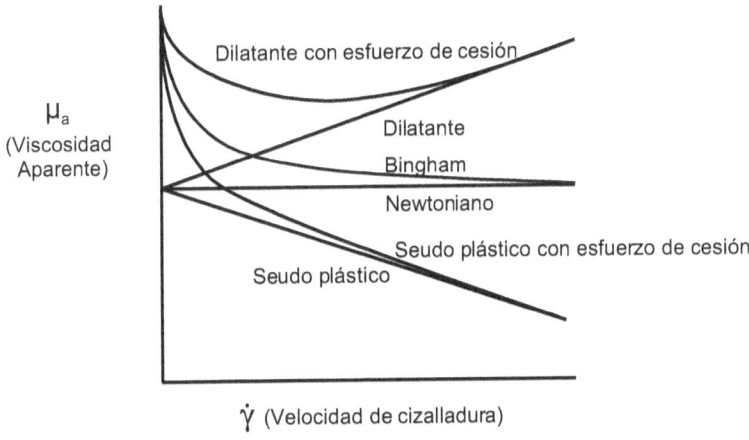

Figura 4.2. Las reologías independientes del tiempo graficadas como viscosidad aparente contra velocidad de cizalladura.

las reologías seudo plásticas con esfuerzo de cesión se acercan a los comportamientos de viscosidad seudo plástica a las velocidades de cizalladura altas.

Las figuras 4.1 y 4.2 son dos formas diferentes para delinear los seis reogramas independientes del tiempo. Cualquiera de las dos formas es aceptable.

Haciendo mediciones independientes del tiempo

Es difícil medir reologías Independientes del Tiempo (IT) sin tener influencias de fenómenos de reologías Dependientes del Tiempo (DT). El comportamiento de reología *dependiente del tiempo* se afecta por la historia de la cizalladura. Es decir, la magnitud y la duración de la cizalladura aplicadas afectan las medidas de las viscosidades aparentes. Es difícil hacer las mediciones de viscosidad aparentes instantáneamente y es completamente imposible hacerlas sin imponer (o crearles) una historia de cizalladura en las suspensiones durante el tiempo que toma hacer las mediciones. El acto simple de hacer una medición impone una historia de cizalladura en la suspensión.

Para medir las reologías de IT (sin efectos DT), se necesita hacer las mediciones instantáneamente (o tan cerca de lo que es prácticamente posible) sin imponer o crear ninguna historia de cizalladura en la suspensión que se está midiendo; esto es difícil de lograr con buenos resultados.

Cuando la viscosidad aparente de una suspensión se mide en un viscosímetro, alguna cizalladura se debe aplicar durante un período de tiempo para hacer la medición. Si la suspensión expone propiedades de DT, las viscosidades aparentes medidas se afectarán por la historia de cizalladura impartida por el viscosímetro (sin consideración de que tan brevemente se aplique). La historia de cizalladura*tiempo es un efecto de DT que se discutirá en el capítulo próximo.

Para aislar y exactamente medir propiedades de reología IT de una suspensión, varias muestras representativas de esa suspensión se deben preparar para hacer las mediciones. Los procedimientos de preparación y la historia de cizalladura que se impone para cada muestra antes de tomar mediciones, deben ser idénticas. Entonces cada muestra debe medirse a una única velocidad de cizalladura, diferente para cada muestra y cada medición debe ejecutarse en tan corto tiempo de medición como sea posible.

Los resultados de estas mediciones, cada uno correspondiendo a una velocidad de cizalladura única, se pueden combinar para formar un reograma que muestra el comportamiento IT de la muestra sobre el rango de las velocidades de cizalladura medidas. La figura 4-3 muestra un reograma de una suspensión seudo plástica *tixotrópica*. Note que cada punto en el reograma **deba ser** medido en una única muestra independiente pero preparada de manera idéntica a las otras.

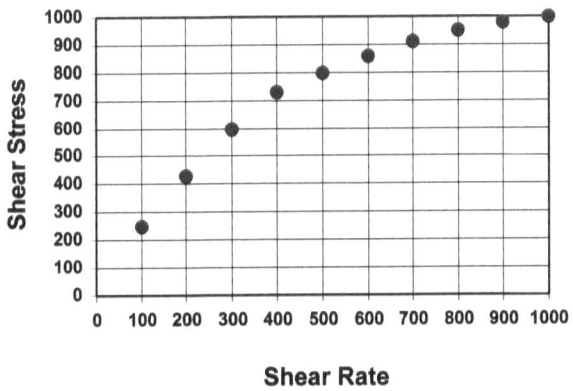

Figura 4.3. Reología seudo plástica independiente del tiempo, que consiste en las mediciones únicas de diez muestras individuales.

Los intentos para medir comportamientos IT sobre un rango de cizalladura (que a veces se llama *programa de velocidad de cizalladura*) en una medición larga y única, mostrarán los efectos combinados de reologías IT y DT. La figura 4-4 muestra un ejemplo de tal reograma. Si se prepara un viscosímetro para medir las viscosidades aparentes a medida que la velocidad de cizalladura se acelera de 0 hasta $1000s^{-1}$ en un período de 10 minutos, los 10 minutos de tal historia de cizalladura afectarán las viscosidades medidas a todas las velocidades de cizalladura. Note que todos los esfuerzos cortantes medidos en figura 4.4 son inferiores que los esfuerzos correspondientes en la figura 4.3. Esto es resultado de las largas historias de cizalladura impuestas durante la medición continua en la

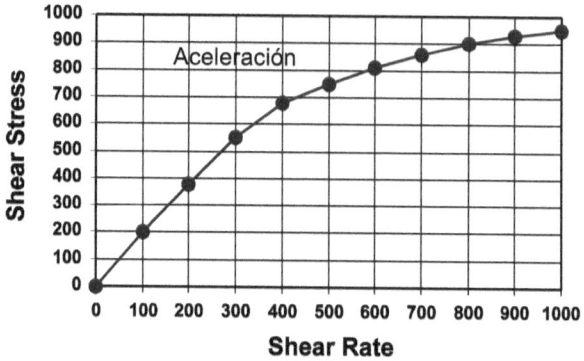

Figura 4.4   Reograma seudo plástica medido durante
10 minutos con una aceleración de 0 hasta $1000s^{-1}$

figura 4.4 que no estaban presentes cuando se hicieron las mediciones de puntos individuales como en la figura 4.3.

La figura 4.5 muestra qué puede suceder cuando esta medición continúa inmediatamente durante otros 10 minutos a medida que

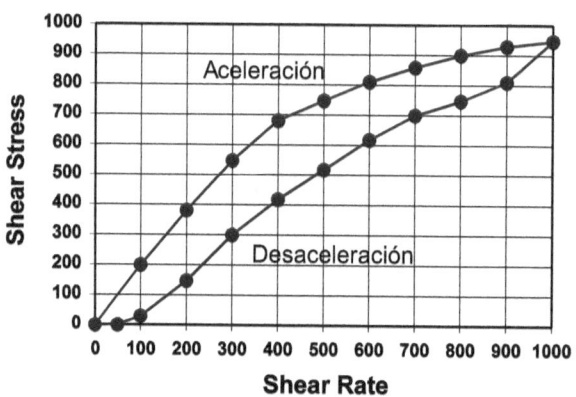

Figura 4.5.   Reograma seudo plástica medido en unos 20 minutos con
aceleración/desaceleración de 0 hasta 1000 y de nuevo a $0s^{-1}$,
que muestra comportamientos IT y DT.

las velocidades de cizalladura se desaceleran de nuevo desde 1000 hasta $0s^{-1}$. Los efectos de tixotropía dependiente del tiempo pueden definir un nuevo reograma en que todas las viscosidades medidas durante la desaceleración son inferiores que sus contrapartes durante la aceleración.

Después de 10 minutos de aceleración fija continua y otros 10 minutos de desaceleración fija continua durante una medición de 20 minutos, cada aumento o disminución de $100s^{-1}$ toma un minuto. Durante el programa de 20 minutos, toma 1 minuto para acelerar a una velocidad de cizalladura de $100s^{-1}$ y toma 18 más minutos para acelerar hasta $1000s^{-1}$ y entonces se desacelera de nuevo hasta $100s^{-1}$.

Los 18 minutos adicionales de la historia de cizalladura que ocurrió entre las dos mediciones de $100s^{-1}$, como se muestra en la figura 4.5, producen una inferior medición de viscosidad a la segunda medición que se hizo desacelerando, cuando la reología seudo plástica (IT) es también tixotrópica (DT).

Cuando los reogramas de aceleración y desaceleración difieren, como se muestra en la figura 4.5, esto se conoce como la *histéresis*. La histéresis en la medición de un reograma es causada por la presencia de los efectos dependientes del tiempo. Cuando la reología de la suspensión no es dependiente del tiempo, la medición durante la reducción de la velocidad seguirá la misma curva de la medición de aceleración y no mostrará ningunas histéresis. La mayor parte de las suspensiones no newtonianas de partícula/fluido, sin embargo, normalmente exponen ambos caracteres de reologías independientes del tiempo y dependiente del tiempo.

Si otra muestra de la suspensión que se mostró en la figura 4.5 se midiera desde 0 hasta $1000s^{-1}$ en un período de 5 minutos, las viscosidades aparentes medidas diferirían de las medidas en el reograma de aceleración de 10 minutos. El comportamiento independiente del tiempo podría ser el mismo, pero el comportamiento dependiente del tiempo diferiría porque la aceleración habría sido el doble y la duración del tiempo de la medición sería la mitad. Las viscosidades medidas podrían ser un poco más altas en una medición de 5 minutos que en una medición de 10 minutos porque la historia de cizalladura impuesta en 5 minutos es menos de ésa en 10 minutos.

Resumen

Las reologías independientes del tiempo muestran cambios en la viscosidad que se derivan directamente de cambios en la velocidad de cizalladura. Para los ceramistas, las reologías independientes del tiempo importantes son las reologías con esfuerzo de cesión. El esfuerzo de cesión, que es la característica de estas tres reologías, permite que las piezas cerámicas mantengan sus formas después del proceso de formación.

Los efectos dependientes del tiempo no pueden separarse fácilmente de los efectos independientes del tiempo durante las mediciones de reología. Para medir los efectos independientes del tiempo sin interferencia de los fenómenos causados por las dependencias del tiempo, varias muestras individuales de una suspensión deben medirse a diferentes cizalladuras y entonces dichos resultados se deben combinar para formar un reograma independiente del tiempo.

Capítulo Cinco

Reologías
dependientes del tiempo

Hay dos reologías no newtonianas dependientes del tiempo (TD) que caracterizan suspensiones y fluidos: *tixotropía* y *reopexia*. Ejemplos de estas dos reologías se muestran en la figura 5.1.

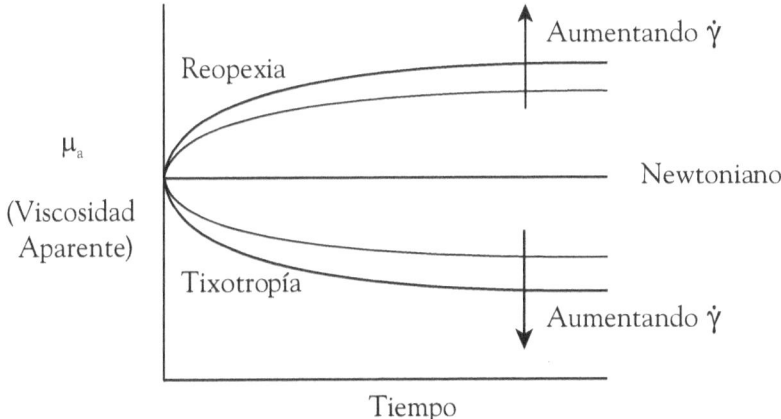

Figura 5.1. Reologías dependientes del tiempo medidas a una velocidad de cizalladura fija

Tixotropía

Las viscosidades aparentes de las suspensiones *tixotrópicas* disminuyen y se acercan a un limite de viscosidad mínima a medida que las suspensiones se exponen a velocidades de cizalladura fijas en el tiempo. Los reogramas tixotrópicos son las dos curvas inferiores que se muestran en la figura 5.1.   A medida que las intensidades de las condiciones de cizalladura aumentan, las viscosidades aparentes medidas de las suspensiones tixotrópicas disminuyen. Sin embargo, más allá de una velocidad de cizalladura superior, posteriores aumentos en las condiciones de cizalladura ya no producen disminuciones en la viscosidad mínima.

Reopexia

Las viscosidades aparentes de las suspensiones *reopécticas* aumentan con el tiempo a condiciones de cizalladuras fijas.   Los reogramas *reopécticos* son las dos curvas superiores en la figura 5.1. Las velocidades de cizalladura más altas producen un comportamiento cada vez más viscoso con el tiempo, hasta que ya no existe flujo.

Historia de velocidad de cizalladura

Las viscosidades aparentes de los fluidos y suspensiones dependientes de tiempo responden a la duración de la exposición y la velocidad de cizalladura. La historia de la cizalladura es la velocidad de cizalladura impuesta multiplicada por el tiempo de la exposición. Puede describirse también como el área bajo una curva de velocidad de cizalladura contra el tiempo. Como tal, es un número sin dimensión:

$$N_{HVC} = \text{velocidad de cizalladura} \cdot \text{tiempo}$$

$$[=]\ s^{-1} \cdot s\ =\ \text{sin dimensión} \qquad (5\text{-}1)$$

A mayor valor de la historia de cizalladura, mayor es el tiempo que la velocidad de cizalladura tiene para trabajar en la estructura de una suspensión y aumentar o disminuir su viscosidad aparente.

Considérese de nuevo el reograma del ejemplo que se mostró en la figura 4-5. Esa figura representa un reograma medido y construido mientras la suspensión se exponía a una aceleración fija desde 0 hasta $1000s^{-1}$ en 10 minutos y está seguido inmediatamente por la desaceleración a una tasa fija hasta $0s^{-1}$ durante los próximos 10 minutos.

La figura 5.2 muestra el programa de velocidad de cizalladura contra el tiempo para esa medición.

Cuando la viscosidad aparente se mide en un programa de aceleración/desaceleración como éste, la historia de cizalladura después de la medición de 20 minutos es exactamente el doble de la de la historia de cizalladura impuesta en los primeros 10 minutos. El área bajo de la curva para cada 10 minutos de medición es el área de un triángulo. La historia de cizalladura para la parte de aceleración fija del programa es:

$$\text{Historia de Velocidad de Cizalladura}_{\text{Aceleración}} =$$
$$\tfrac{1}{2}bh = \tfrac{1}{2}(600s)1000s^{-1} = 300,000 \qquad (5\text{-}2)$$

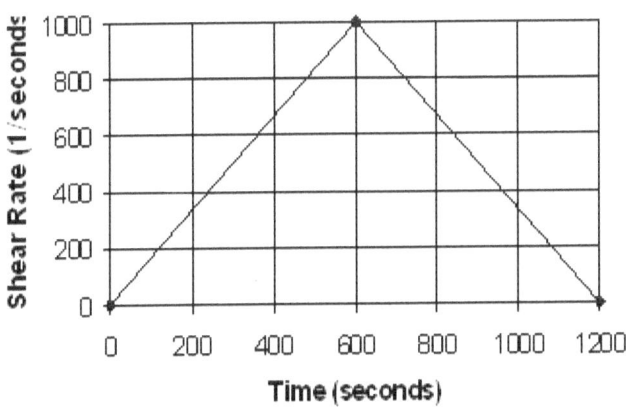

Figura 5.2. Una programa de medición de reómetro típico:
10 minutos de aceleración fija a un máximo de velocidad de cizalladura seguido inmediatamente por 10 minutos de desaceleración fija hasta $0s^{-1}$ de velocidad de cizalladura.

La historia de cizalladura durante la desaceleración es el área triángulo para la segunda mitad del programa que tiene el mismo valor que el calculado en la ecuación 5.2. La historia total de velocidad de cizalladura del programa es la suma de estos dos:

$$N_{\text{HVC Total}} = N_{\text{HVC Aceleración}} + N_{\text{HVC Desaceleración}} =$$
$$= 300,000 + 300,000 = 600,000 \qquad (5\text{-}3)$$

Este cálculo demuestra que cada mitad de este tipo de programa de aceleración-desaceleración contribuye exactamente con la misma historia de velocidades de cizalladura al fluido o la suspensión que se está midiendo.

Considere, sin embargo, las historias de velocidades de cizalladura a los dos puntos en el programa en el que las viscosidades aparentes se miden a los $100s^{-1}$. El primero se mide después de 60 segundos de aceleración y el otro punto se mide después de 1140 segundos totales (600 segundos de aceleración más 540 segundos de desaceleración).

La historia de velocidades de cizalladura después de un minuto de aceleración cuando la velocidad de cizalladura llega a $100s^{-1}$ es:

$$N_{HVC\,1} @ 100s^{-1} = \frac{1}{2} (60s)\ 100s^{-1} = 3000 \qquad (5\text{-}4)$$

Después de los 10 minutos de aceleración fija desde 0 hasta $1000s^{-1}$ y después de 9 minutos más de desaceleración fija desde $1000s^{-1}$ de vuelta hasta $100s^{-1}$, la historia de velocidades de cizalladura de nuevo a $100s^{-1}$ es:

$$N_{HVC\,2} @ 100s^{-1} = N_{HVC\,Aceleración} + N_{HVC\,Desaceleración} =$$

$$(\tfrac{1}{2} (600s)\ 1000s^{-1}) + (\tfrac{1}{2} (600s)\ 1000s^{-1} - \tfrac{1}{2} (60s)\ 100s^{-1}) =$$

$$300{,}000 \quad + \quad (300{,}000 - 3000) \ = \ 597{,}000 \qquad (5\text{-}5)$$

La diferencia entre el valor a $100s^{-1}$ de la historia de la velocidad de cizalladura durante aceleración (3,000) y el valor a $100s^{-1}$ durante la desaceleración (597,000) es substancial. La historia de las velocidades de cizalladura después de los 19 minutos cuando la velocidad de cizalladura se desacelera hasta $100s^{-1}$ es 199 veces el valor al que la suspensión se había expuesto durante el primer minuto de la aceleración hasta $100s^{-1}$.

Las suspensiones dependientes del tiempo, que respondan a la historia de velocidad de cizalladura*tiempo, expondrán las viscosidades aparentes muy diferentes después de haberse expuesto a tales historias de velocidades de cizalladura diferentes, aún cuando las viscosidades aparentes se midan a la misma velocidad de cizalladura.

La historia de velocidades de cizalladura normalmente no se cuantifica de este modo, pero estos cálculos muestran que las historias de velocidades de cizalladura pueden ser substancialmente diferentes, aún con programas relativamente comunes de medición con viscosímetros.

Gelificación y tixotropía

Las reologías tixotropicas son típicas de las suspensiones seudo plásticas floculadas que expongan comportamiento de gelificación. Cuando la cizalladura se aplica a una suspensión tixotrópica, las estructuras de gel se derrumban y viscosidades aparentes disminuyen. Cuando se cesa la cizalladura y se deja la suspensión en reposo, los fenómenos de gelificación reconstruyen estructuras en toda la suspensión y las viscosidades aparentes aumentan de nuevo.

Cuando una suspensión de gel se somete a cizalla, ocurre un equilibrio dinámico entre la gelificación que construye estructuras y aumenta viscosidades, y las condiciones de cizalladura que rompen la estructura de gel y disminuyen la viscosidad. La gelificación prosigue a una tasa controlada por las propiedades de los componentes de suspensión (tipo de aditivo y su concentración, estado de floculación/defloculación, espacio entre particulas, etc.) El índice de destrucción de gel está controlado por la velocidad de cizalladura impuesta.

A medida que una suspensión de gel se somete a cizalla, los índices de los dos fenómenos (el índice de construcción y el índice de destrucción de la estructura de gel) encontrarán un punto de equilibrio a cada velocidad de cizalladura. Cuando los índices de estos dos fenómenos son iguales, los reogramas de DT expondrán una viscosidad fija con el tiempo como se muestra por las relativamente fijas viscosidades límite en la figura 5.1.

Las velocidades de cizalladura más altas destruirán más estructura de gel y entonces las suspensiones exhibirán viscosidades aparentes inferiores. Cuando las viscosidades aparentes ya no disminuyen con los aumentos adicionales en las velocidades de cizalladura, es una indicación de que toda la estructura de gel ha sido destruida. A tales condiciones, las partículas viajan como individuos, en vez de como flóculos pequeños remanentes de la estructura de gel. Cuando las condiciones de cizalladura se reducen, la gelificación causará de nuevo la formación de flóculos y estructuras tridimensionales.

Cuando occurre gelificación en una suspensión, los fenómenos de formación de gel **no se pueden parar** simplemente por las velocidades de cizalladura impuestas, pero la gelificación **puede ser dominada** por las condiciones altas de cizalladura. Las condiciones altas de cizalladura pueden dividir rápidamente la estructura de gel que construyen los fenómenos de gelificación. Cuando la intensidad de la cizalladura disminuye, los fenómenos de gelificación pueden hacerse evidentes una vez más a medida que las viscosidades aparentes se aumentan.

Reopexia y colisiones de partículas

En el capítulo introductorio, se mencionó que el almidón de maíz en agua es un ejemplo de una suspensión dilatante. Las viscosidades aparentes aumentan en las suspensiones dilatantes a medida que las velocidades de cizalladura aumentan. *La dilatancia* es una reología independiente del tiempo (IT) — es la reología de espesamiento por cizalladura. Su contraparte dependiente de tiempo (DT) es la reopexia.

Dilatancia y reopexia en las suspensiones cerámicas son el resultados de las colisiones de partículas. Cuando las velocidades de cizalladura aumentan, la magnitud de las interacciones y colisiones de partículas también aumentan y las viscosidades aparentes medidas aumentan. Los fenómenos independientes del tiempo (IT) de *dilatancia* ocurren cuando las velocidades de cizalladura aumentan independientemente del tiempo de exposición. Los fenómenos dependientes del tiempo (DT) de *reopexia* ocurren con el transcurso del tiempo a velocidades de cizalladura fijas.

Tal como la seudo plasticidad y la tixotropía están relacionadas con comportamientos de gelificación, la dilatancia y reopexia están relacionadas con interacciones y colisiones de partículas durante la cizalladura.

Cualquier cosa que aumente la intensidad de las interacciones inter partículas durante el flujo, puede aumentar los efectos de dilatancia y reopexia. Las suspensiones defloculadas tienen la tendencia a exhibir dilatancia, y si fuera fácil de medir, se encontraría que la mayor parte de tales suspensiones también presentan reopexia.

La reopexia no es fácil de medir y raras veces se ve en las mediciones de viscosímetro. Sus reogramas dependientes del tiempo, como se muestra en la figura 5.1, exhiben viscosidades aparentes que van aumentando hasta un máximo para cada conjunto de condiciones de cizalladura aplicada. Niveles más altos de cizalladura aplicada, producen viscosidades aparentes medidas más altas. El límite último ocurre cuando las partículas se encierran en una estructura dilatante y la cizalladura y el flujo se detienen abruptamente. Tales obstrucciones, conocidas como *obstrucciones dilatantes*, se discutirán con más detalle en un capítulo posterior.

Hay varias razones para la falta de mediciones que confirman la reopexia en las suspensiones. Las suspensiones defloculadas que podrían mostrar las propiedades de reopexia tienen la tendencia a ser inestables, por ejemplo, ocurre que las partículas se sedimentan rápidamente. Aún cuando tales suspensiones se tratan con sumo cuidado y con la deliberación necesaria a medida que se toman las mediciones, las partículas se sedimentan antes de que las mediciones se completen.

Las suspensiones que pueden exponer reopexia casi siempre expondrán también dilatancia. El proceso de las mediciones de reología en las suspensiones dilatantes y reopéticas puede dañar fácilmente los viscosímetros. Los obstrucciones dilatantes pueden atascar los espacios estrechos y los comienzos de tales obstrucciones pueden arruinar las cabezas de medición del viscosímetro además de los motores de control y los engranajes que no estén suficientemente protegidos con mecanismos de embrague apropiados.

La magnitud de las viscosidades aparentes medidas en tales suspensiones también puede exceder rápidamente las capacidades de medición de los viscosímetros. Si la viscosidad objetivo para una pasta de producción cae dentro de las capacidades de un viscosímetro particular, el hecho simple de que las mediciones caigan fuera de rango de especificación y se excedan los límites de medición del viscosímetro, es suficiente para que los ingenieros de proceso decidan detener las mediciones y ajustar las suspensiones para disminuir las viscosidades aparentes. Esa es una buena práctica: las correcciones de proceso se deben hacer antes de que se excedan los límites del viscosímetro y éste se dañe.

Las suspensiones dilatantes y reopécticas pueden también sobrecargar severamente y arruinar mezcladoras y bombas. Es obvio que si un ceramista está prestando la atención debida, cuando las reologías de suspensiones dilatantes están causando problemas, se hagan los ajustes rápidamente cuando tales propiedades aparecen.

El profesor Funk contaba frecuentemente la historia[8] sobre el estudiante que arruinó un conjunto de moldes cerámicos de una prensa ram porque se preguntaba qué sucedería si intentara prensar un pasta de formación que fuera extremadamente dilatante. El estudiante pensó que si le preguntaba al profesor Funk qué sería lo que sucedería, él le diría, "vaya y compruébelo"; así que en lugar de preguntar primero, fué y lo probó. Él sólo relató su experimento después de que el molde estaba roto en pedazos.

El profesor Funk también bromeaba con los estudiantes que cuando estuvieran mezclando suspensiones extremadamente dilatantes en agitadores para leche malteada, o cuando estuvieran midiendo viscosidades en un viscosímetro y notaban que los motores empezaban a humear, esa era una buena indicación de que estaban tratando con dilatancia. Él bromeaba sobre el tema, pero es exactamente la verdad.

La reopexia y dilatancia pueden llegar a niveles extremos. Es mejor **no** someter un viscosímetro bueno a tales suspensiones si se sabe de antemano que puedan exhibir las propiedades extremas. Mediciones precisas en las suspensiones dilatantes y reopécticas son difíciles de lograr a menos de que los efectos expuestos sean relativamente leves.

Por todas estas razones, las mediciones para demostrar las propiedades reopécticas son difíciles para lograr y son, por lo tanto, raras. Sin embargo, cuando la reopexia sucede, será el resultado de las interacciones y colisiones de partículas dentro de la suspensión.

Gelificación no es reopexia

Cuando las viscosidades aparentes son monitorean a bajas velocidades de cizalladura a medida que las estructuras de gel se forman, los reogramas medidos se parecerán a las curvas reopécticas de la figura 5.1; sin embargo **la gelificación no es reopexia**.

Tales reogramas ocurren cuando la medición de las velocidades de cizalladura cambia (disminuye) abruptamente, por ejemplo desde $100s^{-1}$ hasta sólo $1s^{-1}$, y el viscosímetro continúa midiendo la viscosidad aparente contra el tiempo. Después de tal cambio en velocidad de cizalladura, la gelificación causa que las estructuras se reconstruyan y las mediciones de las viscosidades aparentes aumenten hasta que el nuevo equilibrio de construcción - reconstrucción se ha logrado. Éste es un ejemplo de un **aumento** en la medida de la viscosidad aparente que acompaña una **disminución** en la intensidad de cizalladura.

En suspensiones reopécticas, **aumentos** en la intensidad de cizalladura causan comportamientos reopécticos aumentados y medidas de viscosidades aparentes aumentadas. Los efectos de tal comportamiento son opuestos a los efectos de cizalladuras altas en las estructuras de gel. Las altas intensidades de cizalladura rompen estructuras de gel y reducen las viscosidades aparentes en las suspensiones tixotrópicas. Las altas intensidades de cizalladura construyen estructuras y aumentan las viscosidades aparentes en las suspensiones reopécticas.

Resumen

Las dos reologías dependientes del tiempo con las que los ceramistas tienen que lidiar son la *tixotropía* y la *reopexia*. La tixotropía ocurre a medida que las estructuras de gel se rompen durante un período de tiempo debido a cizalladuras fijas. A medida que las medidas de viscosidades aparentes de fluidos tixotrópicos disminuyen con el tiempo, se acercan a los límites de sus valores mínimos. La reopexia ocurre a medida que las intensidades de colisión aumentan con el tiempo a cizalladuras fijas. Los valores de las viscosidades aparentes de los fluidos reopécticos aumentan con el tiempo a medida que se acercan a los límites de los valores máximos.

En los fluidos tixotrópicos a condiciones extremadamente altas de cizalladuras, todas las partículas fluyen individualmente. En los fluidos de reopécticos a condiciones extremadamente altas de cizalladura, todas las partículas se pueden ligar mecánicamente en conjunto en un cuerpo único que puede causar que el flujo se detenga completamente.

Las reologías dependientes del tiempo responden a la historia de cizalladura*tiempo. A medida que los valores de su historia de velocidad o tasa de cizalladura aumentan, las viscosidades aparentes de los fluidos y suspensiones dependientes del tiempo pueden aumentar o disminuir. Cuando el equilibrio se ha logrado, las viscosidades aparentes permanecerán fijas aunque la historia de cizalladura continúe aumentando.

Cuando las viscosidades aparentes de los fluidos no se afectan de modo alguno por aumentos de la historia de cizalladura, esos fluidos **no** son dependientes del tiempo; los fluidos newtonianos, por ejemplo, **no** son dependientes del tiempo.

Capítulo Seis

Las fuerzas de atracción y la gelificación

Cuando fuerzas atractivas inter partículas dominan dentro de las suspensiones partícula/fluido, ocurre la gelificación. En este capítulo se revisarán las relaciones entre estos fenómenos.

Fuerzas atractivas inter partículas

Carga electrostática superficial

Cuando las partículas están suspendidas en fluidos, especialmente en fluidos polares como el agua, se puede esparar que sus superficies exhiban cargas electrostáticas. Los aditivos químicos para defloculación se pueden usar para incrementar las densidades netas de la carga a valores más positivos o más negativos. Los aditivos químicos floculantes se pueden usar para cancelar las cargas superficiales electrostáticas altas.

Las especies mineralógicas de las partículas, los valores de pH de la suspensión y la concentración y el tipo de todos los aditivos afectan el signo y densidad de carga de las cargas electrostáticas superficiales.

Cada especie mineralógica diferente tendrá un *Punto IsoEléctrico* (IEP) diferente. El IEP es el pH al cual la carga superficial neta de un material suspendido, es cero. A otros valores de pH, adiciones que contengan de iones de la carga opuesta a la carga superficial prevaleciente, se pueden usar para cancelar o bajar la carga superficial neta hacia cero.

En una suspensión que contenga partículas con carga superficial neta negativa, los iones cargados positivamente serán atraídos a los emplazamientos negativos (dado que las cargas opuestas se atraen.) En tales las superficies, los cationes se enlazarán débilmente a las partículas debido a las atracciones electrostáticas de carga. Con relación al volumen más grande de la suspensión, dichos cationes cancelarán los emplazamientos o concentraciones de cargas negativas y harán disminuir la carga superficial neta, tendiendo hacia el cero.

Fuerzas de Van der Waals

Hay dos tipos de las fuerzas atractivas dentro de las suspensiones: fuerzas atractivas electrostáticas entre las partículas e iones de cargas opuestas y las fuerzas de Van der Waals.

La naturaleza atractiva de las fuerzas Van der Waals resultan de la atracción de las nubes electrónicas de carga negativa que rodean cada núcleo atómico, con los núcleos de carga opuestas de otros átomos.

Las fuerzas Van der Waals de la atracción están siempre presentes entre los átomos. No se pueden desconectar, quitar o eliminar, pero son fuerzas débiles. Dado que son débiles, fácilmente se pueden ver dominadas y escondidas por la presencia de otras fuerzas atractivas y repulsivas; sin embargo, siempre están presentes.

Cuando todas las otras fuerzas atractivas y repulsivas han sido eliminadas, las fuerzas de Van der Waals toman el control. Debido a que ellas son fuerzas atractivas débiles, lentamente tiran las partículas en conjunto. La naturaleza atractiva débil de las fuerzas Van der Waals es la responsable de producir las condiciones de floculación en suspensiones partícula/fluido.

Cationes de floculación altamente cargados, tales como Mg^{++}, Ca^{++}, Al^{+++}, etc., pueden también causar la floculación cuando las superficies de partículas tienen cargas electrostáticas negativas. Tales cationes parecen servir dos funciones: primero, sus campos altamente cargados positivamente aglutinan las partículas negativamente cargadas en conjunto y segundo, sus cargas positivas neutralizan las cargas locales superficiales negativas, permitiendo que la atracción de las fuerzas de Van der Waals funcione o actúe.

En ausencia de repulsión inter partículas en la suspensión, las fuerzas atractivas mueven las partículas en conjunto para crear flóculos que se convierten en grandes estructuras continuas de gel que pueden llegar a alcanzar el volumen completo de la suspensión. Este proceso se denomina de dos formas: *floculación* y *gelificación* (*gelación* en algunos textos). Bajo la influencia de fuerzas atractivas, las partículas individuales se juntan para formar *flóculos* pequeños. Esos flóculos pequeños se hacen más grandes y los flóculos más grandes se combinan para formar *estructuras* tridimensionales (3-D) grandes *de gel*.

Flóculos y estructuras de gel

Un *flóculo* es un grupo pequeño de partículas, débilmente ligadas por las fuerzas atractivas. La figura 6.1 muestra la estructura de un

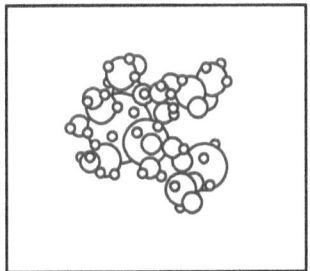

Figura 6.1. Un floc

flóculo. Las partículas en tales estructuras están débilmente enlazadas en conjunto por fuerzas electrostáticas y/o de Van der Waals. Todos estamos familiarizados con las estructuras de flóculo secas que toma la forma de una bola de pelusa de polvo. Las estructuras de flóculos dentro de las suspensiones partícula/fluido son similares.

Los flóculos no son estructuras fuertes químicamente enlazadas. Las partículas están unidas a unas a otras débilmente y como consecuencia, dichas aglomeraciones pueden desunirse fácilmente cuando se someten a cizalladura.

Ciertos aglomerados, tales como gránulos de alúmina calcinados, se han unido a través de una operación de cocción. Fenómenos de sinterización y/o fundición pueden causar que las partículas estén estrechamente asociadas y existan reacciones entre ellas y se formen aglomerados. Tales aglomerados serán fuertes porque las partículas se enlazan químicamente unas a otras. Para desunir los aglomerados fuertes y liberar las partículas constituyentes individuales, se deben usar fuerzas mecánicas intensas de impacto. Una vez que tales aglomerados se han roto, las partículas constituyentes no se unen como aglomerados fuertes sino únicamente a través de otra operación de cocción o sinterización que vuelva a producir las estructuras aglomeradas fuertes que existían originalmente en primer lugar.

Las partículas floculadas y estructuras de gel, **no** son estructuras químicamente formadas, fundidas, sinterizadas, ni fuertemente enlazadas como los aglomerados del ejemplo precedente. La floculación siempre produce estructuras que se han formado con fuerzas electrostáticas relativamente débiles y/o de Van der Waals. Las estructuras floculadas en suspensiones se desunirán o desbaratarán cuando se sometan a intensidades relativamente bajas de cizalladura, tal como durante la agitación, mezcla, o bombeo. Una vez la cizalladura para, las estructuras de flóculos pueden formarse de nuevo.

La figura 6.2 muestra ejemplos de dos partículas que se han floculado por fuerzas atractivas inter particulas y otras dos partículas que se han enlazado fuertemente por una operación de cocción. El propósito de este ejemplo es mostrar que estructuras de flóculo (y sus estructuras de gel más grandes) **no** son iguales a los aglomerados fuertes sinterizados.

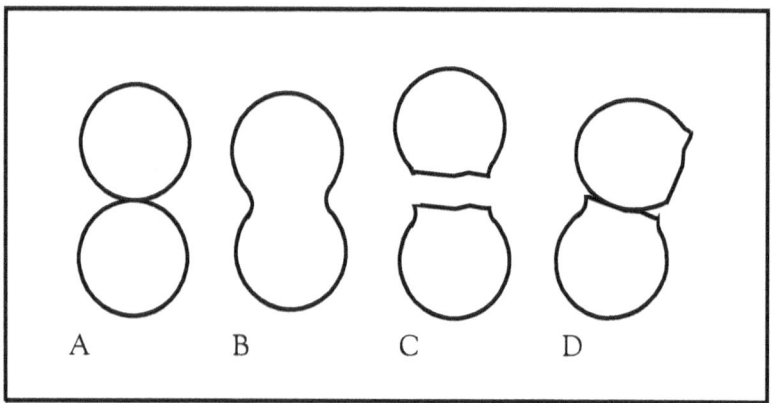

Figura 6.2. Desaglomeración y floculación en flóculos y aglomerados: un flóculo (A), un aglomerado sinterizado (B), el aglomerado roto (C), y el aglomerado roto y floculado (D).

La figura 6.2A muestra dos partículas floculadas en conjunto por fuerzas débiles de Van der Waals. Cuando se expone a cizalladura, las dos partículas pueden separarse y viajar como individuos, pero cuando el sistema retorna a un estado en reposo, las partículas se podrán flocular de nuevo como en (A).

La figura 6.2B muestra dos partículas que han sido sinterizadas para formar un aglomerado que funciona como una partícula única. La cizalladura durante la mezcla o el bombeo no es suficiente para romper tales aglomerados fuertes. En comparación, el flóculo que se muestra en la figura 6.2A consiste de dos partículas; las dos partículas están débilmente enlazadas para formar un flóculo único pero que consiste de dos partículas.

Cuando el aglomerado en figura 6.2B se roto en un molino por ejemplo, las dos partículas constituyentes se liberan, como se muestra en la figura 6.2C. Las partículas en la figura 6.2C tienen libertad para viajar independientemente la una de la otra durante la cizalladura. Cuando la cizalladura para, y si las partículas están en una suspensión floculada, las fuerzas atractivas pueden unirles en conjunto en la forma de un flóculo como se muestra en figura 6.2D. Tales partículas no volverán a su forma original de aglomerado de la figura 6.2B. El aglomerado no se volverá a formar sin otra operación de sinterizado. En el dibujo 6.2D, las dos partículas pueden separarse con cizalladuras bajas y también se floculan cuando el sistema está en reposo.

A medida que el proceso de floculación tiene lugar, las partículas individuales se juntan para formar flóculos pequeños y los flóculos pequeños y otras partículas individuales continuarán formando las grandes estructuras tridimensionales (3-D) de gel. Para entenderlo mejor puede ser útil comparar las estructuras de gel con una forma de similar a una gran red tridimensional de pesca.

La red tridimensional de pesca

Considere una red para pescar, que ha sido definida como "un grupo de agujeros atados con una cuerda."[8] Para ser útil, la red para pescar debe ser bidimensional. Considere la extensión de la estructura de 2 dimensiones de la red de pesca, pero en tres dimensiones, para formar una red tridimensional (3-D) de pesca. Tal estructura de 3-D en realidad es inútil como una red para pescar, porque sería imposible que un pez entrara, pero es una imagen excelente de la estructura tridimensional de un gel. Los nudos se deben situar aleatoriamente en posiciones convenientes, pero uniformes, a lo largo del total del volumen ocupado por la red tridimensional y todos los nudos deben estar conectados con cuerdas a sus vecinos más cercanos. Cada nudo y cada cuerda en la red tridimensional representa grupos de partículas floculadas enlazadas en conjunto en las estructuras de gel como las que se mostraron en la figura 6.1.

La totalidad de las posibles estructuras de gel puede mostrarse también usando la red tridimensional de pesca. Ciertas redes podrían hacerse con cuerdas pequeñas (y con nudos pequeños); otros podrían hacerse con cuerdas de diámetro grande (con nudos correspondientemente grandes). Ciertas redes podrían tener las cuerdas relativamente largas entre nudos; otros podrían tener las cuerdas relativamente cortas entre los nudos. Las posibles estructuras de gel se pueden simular por estos tipos de variaciones.

La naturaleza de los agujeros y canales de tales redes son de importancia particular en el tema de las estructuras de gel. Note que los tamaños de los agujeros, los volúmenes de los canales, y la facilidad con la que los fluidos puedan moverse por tales sistemas están definidos por las características particulares de la cuerda (por ejemplo, por el diámetro), y la densidad del volumen de nudos que forman la red. La facilidad del movimiento de los fluidos dentro una estructura de gel está similarmente relacionada con las características de los canales a lo largo de las estructuras floculadas que formen el gel.

Las redes 3-D para pescar son excelentes imágenes, pero simplificadas, de las estructuras reales de gel que se forman en las suspensiones floculadas.

Floculación

Dentro de las suspensiones, la floculación produce estructuras tridimensionales (3-D) de gel de partículas que son muy similares en forma, a las de la red tridimensional para pescar descrita atrás. En lugar de los nudos, las estructuras de gel contienen flóculos grandes de partículas. En lugar de las cuerdas, las estructuras de gel contienen las cadenas floculadas de partículas que unen los flóculos. Dentro de una estructura real de gel, podría ser difícil distinguir entre los flóculos (correspondiendo a los nudos en una red) y las cadenas (correspondiendo a las cuerdas de unión), pero la imagen completa es exacta. La clave para comprender las estructuras de gel es imaginar que son grandes estructuras tridimensionales que se extienden a lo largo y ancho del volumen total de la suspensión.

Muchos creen que floculación produce sólo flóculos pequeños tal como se muestra en la figura 6.1. Eso es parcialmente cierto porque la floculación empieza con flóculos pequeños, pero la floculación en las suspensiones cerámicas de contenidos altos de sólidos produce estructuras grandes que crecen mucho más allá de la formación de los flóculos pequeños inicialmente formados. Cuando se le permite proceder hasta la terminación del proceso, la floculación produce grandes estructuras tridimensionales de gel.

Las impurezas coloidales en las plantas de purificación de agua no se sedimentarían fácilmente como partículas individuales. Los químicos floculantes se son añaden para ayudar unirles en conjunto para formar flóculos (tal como en la figura 6.1) que sean bastante grandes como para almacenarlos y que sean eliminados durante la filtración. Los contenidos de sólidos en los sistemas de purificación de agua son muy bajos en comparación con los contenidos de sólidos en las suspensiones cerámicas típicas. Un flóculo pequeño formado en una suspensión de bajo contenidos de sólidos como en los sistemas de purificación de agua, y tal como en figura 6.1, es la imagen más apropiada para representar el comportamiento de floculación. La figura 6.1, sin embargo, no es una representación apropiada para el proceso de gelificación completo en las suspensiones cerámicas.

El proceso de gelación o gelificación

Cuando la intensidad de cizalladura es suficiente, todas las partículas estarán libres de una estructuras de gel y pueden viajar como individuos. Cuando la intensidad de cizalladura se reduce, las fuerzas atractivas comienzan de nuevo a poner las partículas en conjunto y se forman los flóculos pequeños. A medida que la gelificación continúa, más partículas se unirán con las estructuras en crecimiento. Ciertos flóculos crecerán de tamaño, otros flóculos pequeños se formarán y ciertos flóculos se enlazarán a otros flóculos a medida que nuevas partículas llenan los espacios entre ellos. Las partículas individuales continuarán uniéndose con la estructura en crecimiento hasta que todas las partículas libres han sido incorporadas.   Algunos flóculos independientes continuarán uniéndose con la estructura más grande hasta que todas los flóculos libres hayan sido incorporados en una estructura continua. Cuando se le permite al proceso llegar a su culminación, todas las partículas estarán unidas en una estructura de gel grande que llena el volumen entero de la suspensión.   En una estructura completa de gel, ninguna partícula individual permanecerá independiente de la estructura.

Las estructuras de gel se caracterizan por (1) la estructura grande y continua de gel unida por las cadenas floculadas de partículas y (2) los canales continuos de fluido dentro de y a lo largo de la estructura. Las propiedades de suspensión y las condiciones aplicadas de cizalladura determinan cuándo las estructuras han alcanzado sus posiciones de equilibrio. Después de que todas las partículas y todos los flóculos se han incorporado en una estructura grande y única de gel, las fuerzas atractivas inter partículas pueden continuar densificando y fortaleciendo la estructura y expulsando fluido en los canales; este fenómeno se conoce como *sinéresis*. La figura 6.3 muestra una serie de diagramas que demuestran el proceso de gelificación con tiempo desde A hasta D. Una observación: estos diagramas muestran imágenes bidimensionales de procesos de gelificación que son tridimensionales.

La figura 6.3A representa una suspensión de partículas, en donde todas son independientes, las unas de las otras. La figura 6.3B muestra ciertos flóculos pequeños comenzando a formarse dentro del conjunto completo de las partículas individuales. La figura 6.3C muestra los pasos iniciales del crecimiento de las estructuras de flóculos. Ciertos pequeños flocs todavía están separados de las estructuras grandes, pero la mayor parte de las partículas individuales han sido incorporadas en las estructuras que crecen. Los canales de fluido empiezan a aparecer entre los flóculos; la figura 6.3D muestra una estructura completa. Todas las partículas y flóculos en la figura 6.3C son parte de la estructura grande y única en esa figura.

Note que todas las partículas, y especialmente las partículas más finas, se han incluido en la estructura de gel en la figura 6.3D. Ninguna

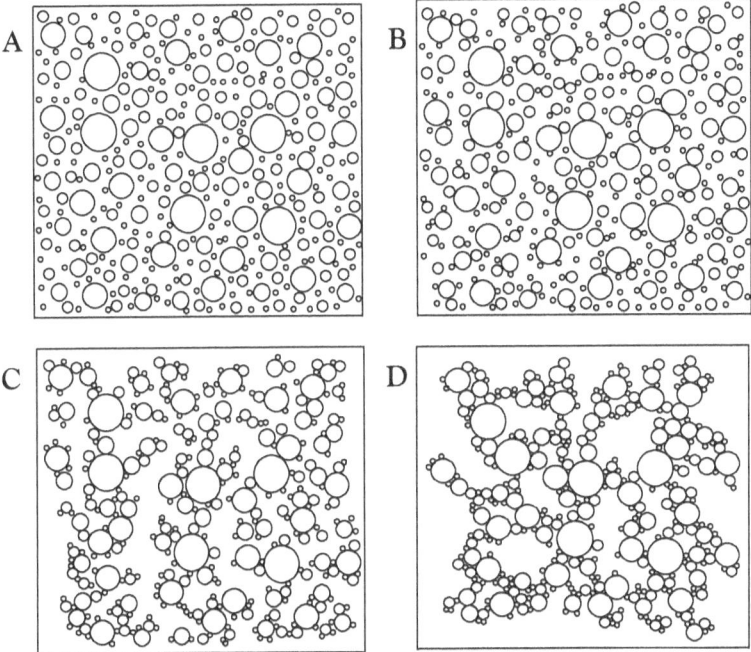

Figura 6.3. Ejemplo del proceso de gelificación.

partícula individual tiene libertad para viajar independientemente. Ésta es una propiedad importante de las suspensiones y estructuras floculadas de gel. Todas las partículas (especialmente los coloides) se atan e inmovilizan en la estructura.

Resumen

Las fuerzas atractivas inter partículas producen estructuras de gel en las suspensiones. Las fuerzas de Van der Waals, con la ayuda de fuerzas atractivas electrostáticas, son responsables de los comportamientos de gelificación y floculación. Cuando las condiciones de tiempo y cizalladura lo permiten, la gelificación hace que las grandes estructuras tridimensionales de gel se extiendan por todo el volumen de una suspensión.

Dentro de suspensiones cerámicas, la imagen de un *flóculo* como un grupo pequeño de partículas sólo es exacta en los pasos iniciales del proceso de floculación. La representación correcta de la floculación en las suspensiones cerámicas de contenidos altos de sólidos es la producción de una estructura compleja tridimensional (3-D) de gel que se extienda a lo largo de la suspensión.

Capítulo Siete

Reologías seudo plásticas

Cuando las estructuras de gel están presentes en las suspensiones, puede esperarse la aparición de reologías seudo plásticas.

Comportamiento seudo plástico

Las estructuras de gel tipicamente producen *reologías seudo plásticas*. Esto ocurre porque las cizalladuras impuestas causan que las estructuras de gel se derrumben y disminuyan las viscosidades aparentes.

Cuando una suspensión floculada está en reposo, la estructura de gel construirá y formará una estructura completa de gel que se extiende a lo largo de toda la suspensión entera, tal como la estructura mostrada en la figura 6.3D. En las suspensiones floculadas de partículas/fluido que contienen estructuras de gel completas, se puede suponer que exhiben un esfuerzo de cesión; esos son ejemplos de las *reologías seudo plásticas cedentes o con esfuerzo de cesión*, también conocidas como *reologías de adelgazamiento por cizalladura*.

Cuando se somete a cizalla a una estructura de gel, por ejemplo durante la dispersión, mezcla o bombeo, la estructura grande de gel se derrumbará. La intensidad de las cizalladuras determinará el tamaño de los flóculos que fluirán libres de la estructura de gel. Una baja intensidad de cizalladura producirá flóculos relativamente grandes. Al contrario, la alta intensidad de cizalladura puede destruir flóculos y causar que todas las partículas viajen como individuos de tal manera que cada partícula puede fluir independientemente de las demás.

Las viscosidades aparentes serán relativamente altas cuando se miden a condiciones bajas de cizalladura en las que los flóculos grandes están fluyendo. Las viscosidades aparentes serán relativamente bajas cuando se miden a condiciones altas de cizalladura en las cuales los flóculos pequeños o las partículas individuales están fluyendo. El fenómeno de perturbación o rompimiento de la estructura de gel explica el comportamiento de las suspensiones seudo plásticas.

Como se ha mencionado previamente, las suspensiones de gel exponen un equilibrio dinámico; a medida que la cizalladura destruye las estructuras de gel, las fuerzas de atracción inter partículas intentan reconstruir esas estructuras. Cuando los índices de gelificación y perturbación se balancean, los sistemas expondrán las viscosidades aparentes fijas aunque estén sometidos a cizalladura continua. Esta es la razón por qué las suspensiones fluidas en tuberías logran las viscosidades y condiciones de flujo de estado estable.

Las figuras de la 7.1A a la 7.1D demuestran lo que sucede cuando una estructura de gel se somete a cizalla. La figura 7.1A es una representación de la estructura de gel en reposo. La figura 7.1B muestra

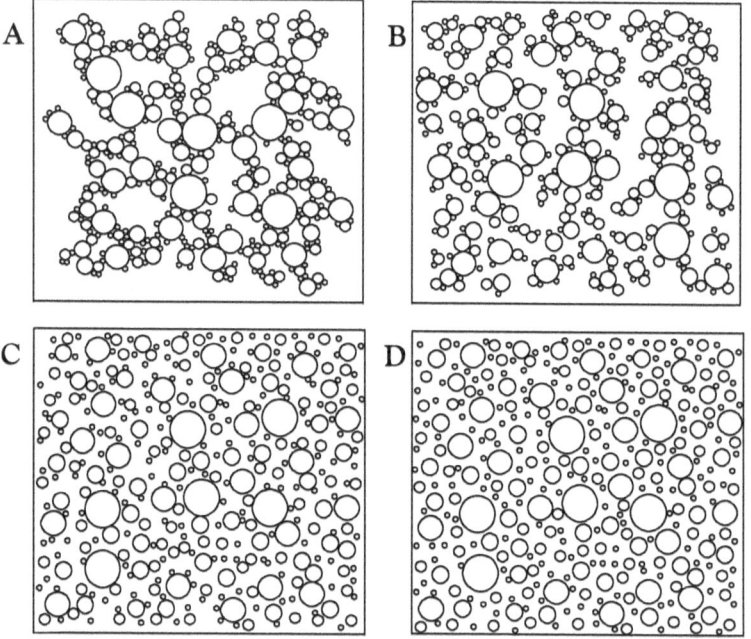

Figura 7.1. Ejemplo del proceso seudo plástico
– cuando una estructura de gel se somete a cizalla

la estructura sometida a condiciones de velocidad de cizalladura baja; la figura 7.1C representa la misma estructura después de haberse sometido a velocidades más altas de cizalladura; y la figura 7.1D corresponde a las condiciones de dispersión de alta intensidad (DAI) cuando cada partícula viaja individualmente dentro de la suspensión.

Las condiciones de dispersión de alta intensidad (DAI), definidas como el proceso de mezcla con velocidades periféricas del impulsor mayores o iguales a 1524 m/min (5000 ft/min), deberían destruir completamente todas las estructuras de gel y liberar todas partículas para que viajen independientemente. En realidad, las condiciones de dispersión de alta intensidad deberían quitar la mayor parte de los iones adsorbidos, si no todos, y los aditivos químicos de las superficies de las partículas y forzarlos en la *sopa inter partícula.* Bajo condiciones de DAI, la sopa inter partícula contendrá las partículas, iones, y moléculas individuales.

Cuando las condiciones de DAI se suspenden, cada componente en la suspensión estará libre para moverse hacia (y tomar) su posición de equilibrio. Los iones y moléculas de aditivos se adsorberán en las superficies de partícula en posiciones de equilibrio, las partículas se flocularán y las estructuras de gel se reconstruirán.

Velocidades de cizalladura de intensidad más baja no destruirán toda la estructura de gel. La naturaleza de las fuerzas atractivas dentro de una suspensión y la fortaleza de su estructura de gel determinarán qué tan intensas deben ser las cizalladuras para causar que todas las partículas viajen como individuos.

En cuanto los índices de gelificación exceden los índices de perturbación producidos por las cizalladuras impuestas, las estructuras de gel crecerán y fortalecerán de nuevo.

Tixotropía

La perturbación de las estructuras de gel también explica el comportamiento de los fluidos y suspensiones tixotrópicas dependientes del tiempo. Justo como el aumento de velocidades de cizalladura causan que las estructuras de gel se derrumben, la aplicación de velocidades de cizalladura fijas aun por períodos cortos de tiempo, también causarán que las estructuras de gel se derrumben.

Las reologías seudo plásticas independientes del tiempo se definen por los cambios instantáneos en las viscosidades aparentes a medida que las velocidades de cizalladura aumentan. En la práctica, sin embargo, las estructuras de gel no derrumban instantáneamente. La mayor parte de las suspensiones seudo plásticas son por lo tanto también tixotrópicas. La tixotropía aparece como las estructuras de gel continúan destruyéndose con el tiempo hasta que ellas logran un equilibrio de construcción/perturbación a las velocidades de cizalladura impuestas.

Cuando las suspensiones de proceso son floculadas, se debe esperar poder ver ambos comportamientos: seudo plásticos y de tixotrópicos, porque ambos se causan por perturbación del gel y ocurren en conjunto.

Resumen

Las reologías con esfuerzo de cedencia, seudo plásticas y tixotrópicas, son características de las suspensiones floculadas de partículas y fluido. Las viscosidades aparentes de estas suspensiones disminuirán a medida que se aplica cizalladura a diferentes velocidades, y crecerán de nuevo a medida que las estructuras de gel se reconstruyen después de que las cizalladuras se suspenden.

Las reologías de suspensiones cerámicas floculadas y parcialmente floculadas son **seudo plásticas con esfuerzo de cesión** (no simplemente seudo plásticas) porque la estructura de gel que produce el esfuerzo de cesión es necesaria para permitir que las piezas cerámicas formadas mantengan sus formas. Fluidos puramente seudo plásticos (sin esfuerzo de cesión) no únicamente son raros, sino poco importantes dentro de los sistemas de procesamiento cerámico.

Las reologías de suspensiones cerámicas floculadas y parcialmente floculadas son también tixotrópicas por la misma razón. Es dudoso que las suspensiones cerámicas que no exponen esfuerzo de cesión pudieran mostrar alguna vez indicaciones del tixotropía.

La formación de estructuras de gel, los esfuerzos de cesión, los comportamientos seudo plásticos con esfuerzo cedente y la tixotropía están todos estrechamente relacionados. Si las mediciones muestran la presencia de uno cualquiera, los otros comportamientos también deben estar presentes.

Capítulo Ocho

Interacciones de partícula/fluido y partícula/partícula

Las partículas que viajan dentro de fluidos reaccionan con los fluidos y con otras partículas según sus propiedades físicas y la naturaleza del fluido portador. Las discusiones de este capítulo se enfocarán en estos tipos de interacciones.

Interacciones de partícula y fluido

Dos ejemplos

Las partículas interactúan con sus fluidos portadores. Cuando la masa de las partículas es lo suficientemente pequeña, serán transportadas por sus fluidos portadores. Las partículas masivas o más grandes se comportan con relación a su fluido portador tal como se comportaría un gorila de 500 libras: hacen lo que quieren, es decir, se comportan independientemente del fluido.

Consideremos una bola de bolos. Si se deja caer una desde un metro de altura, la mayor parte de nosotros podría predecir dónde golpeará el suelo. Es dudoso que alguna brisa (a no ser de que sea un viento con la fuerza de un huracán) tenga mucho efecto en el sitio de aterrizaje de la bola.

Si la bola de bolos es deja caer de 1m altura en una piscina, la velocidad de la bola cuando golpea el fondo del estanque será considerablemente menor que la velocidad a la que golpeó el agua. Esta diferencia está directamente relacionada con las propiedades del aire versus las propiedades del agua. Una bola de bolos se comportará de manera diferente cuando cae a través del agua que cuango cae a través de aire.

Ahora consideremos partículas finas de la arcilla. Si se dejan caer desde el mismo metro de altura, sus sitios de aterrizaje son impredecibles. Tales partículas son tan finas que aún una brisa suave puede causar que se muevan de manera lateral y que no caigan directamente hacia abajo como hizo la bola de bolos. Los vientos fuertes llevarían tales partículas lejos en la atmósfera, de forma tal que saber dónde aterrizan sería una simple suposición.

Si algunas partículas de arcilla se dejan caer en el agua de un estanque, probablemente flotarían por algún tiempo en la superficie debido a tensión superficial del agua y a su falta de masa. Si fueran más pesadas, podría suponerse que atravesarían rápidamente por la superficie y continarían hacia el fondo del estanque. Aunque la densidad de la arcilla es mayor que la del agua, las partículas de arcilla no se podrán sedimentar completamente hasta que la agitación haga que sus superficies estén completamente mojados con el agua.

Aún entonces, cuando las partículas de arcilla estén debajo el agua, no se asentarían porque el agua corriente puede arrastrarles. El agua es más denso que aire, entonces el agua corriente tendrá mayor influencia en las partículas que el aire corriente. Si las partículas son bastante finas y el agua está en reposo, el movimiento Browniano todavía puede prevenir que las partículas se sedimenten.

Estos dos ejemplos muestran algunas de las diferencias que pueden ocurrir cuando partículas de tamaños diferentes interactúan con los fluidos.

Algunas consideraciones

Para que una partícula pueda ser afectada por el fluido portador, la masa de la partícula deberá ser lo bastante pequeña de manera tal que el momento de la corriente del fluido portador pueda acelerar la partícula en la dirección del flujo. Cuando una brisa horizontal encuentra una bola de bolos en caída libre, como en el ejemplo previo, el momento de las moléculas de aire será minúsculo e insignificante con relación al momento de la bola de bolos.

El momento de flujo de las moléculas de aire, sin embargo, es substancial con relación a una partícula fina de arcilla. Aún en un viento suave, la partícula de arcilla se verá acelerada en la dirección del flujo de aire. Dependiendo del tamaño de la partícula de arcilla y la fuerza de la brisa, la partícula puede ser transportada lejos.

El agua corriente tendrá aún más influencia en la partícula de arcilla porque el agua es más densa y el agua corriente tendrá más momento que el aire corriente a la misma velocidad. El agua corriente además tendrá más influencia en la caída de la bola de bolos, pero debido a su tamaño y forma, la bola de bolos generalmente todavía podrá moverse en la dirección en la que su momento y la aceleración de la gravedad la lleven. Debido a la gran diferencia de masa, la bola de bolos experimentará sólo cambios menores en su momento debido a las interacciones con el agua corriente.

Podríamos recurrir a los libros de texto de física e ingeniería química para mostrar las ecuaciones aplicables que gobiernan estos fenómenos, pero las ecuaciones específicas no son importantes en esta discusión. (Yo estoy seguro de que muchos sienten alivio, diciendo, "¡¡Uf!!" y secan el sudor de sus frentes al saber que no vamos a revisar las ecuaciones).

El autor nunca ha tenido que calcular las velocidades e interacciones entre partículas y fluidos en las suspensiones. Los estudiantes de doctorado pueden necesitar tales cálculos para sus tesis, pero los ceramistas en la industria no los necesitan. Para los ceramistas es suficiente con reconocer, considerar y comprender las posibilidades de tales interacciones y las influencias que tienen en los comportamientos de las partículas suspendidas.

Consideremos ahora dos piezas de información recogida de la tecnología de análisis de tamaño de las partículas por sedimentación: (1) los coloides, que se definen como partículas menores que una micra ($<1\mu m$), no se sedimentan siguiendo la ecuación de Stokes porque se ven afectadas por movimiento Brownian; y (2) partículas más grande que $\sim70\mu m - 100\mu m$ normalmente se posan rápidamente a través de las suspensiones. Cuando tales partículas grandes se sedimentan, pueden afectar y alterar los índices de sedimentación de otras partículas menores en su vecindad.

Esta información indica que fenómenos de sedimentación se normalmente no aplican a las partículas coloidales. Por otra parte, la sedimentación puede ocurrir rápidamente para la mayor parte de las partículas de tamaños que se puedan medir con un tamiz.

La mayor parte de las suspensiones cerámicas contienen las partículas coloidales. Las suspensiones cerámicas tradicionales normalmente contienen partículas de tamaños desde coloides hasta mayores que $100\mu m$. Dentro de las suspensiones cerámicas electrónicas, algo más grande que $\sim 20\mu m$ se considera como un 'canto rodado' (guijarros, granos grandes). Según esta definición, las suspensiones refractarias frecuentemente contienen porcentajes grandes de guijarros. Así dentro de las diferentes ramas de la cerámica, las dimensiones de las partículas pueden cubrir un rango que va desde coloides hasta granos de various centímetros en el diámetro.

Los fluidos portadores pueden ser agua, una variedad de los fluidos orgánicos, o aire (sistemas de transporte neumáticos.) Todos estos tienen moléculas ligeras que tendrán efectos relativamente pequeños en las partículas suspendidas. Las partículas coloidales y algunas un pocos más grandes se verán más influenciadas por el flujo de los líquidos portadores. Las partículas más grande de $70\mu m$ se afectan menos.

Coloides

Hablando en términos generales, las partículas coloidales viajarán con los fluidos portadores a menos que se inmovilicen de alguna forma. Sus masas son bastante finas, así que los fluidos pueden ejercer principal influencia sobre sus direcciones del viaje.

Consideremos el agua que fluye alrededor de un termómetro cilíndrico que ha sido insertado en un tubo de forma perpendicular a la dirección del flujo del agua. Cuando el agua fluye a lo largo del tubo y encuentra el termómetro, fluirá alrededor de la obstrucción (el termómetro) y continúa a lo largo del tubo. Las partículas coloidales suspendidas en el agua, serán aceleradas alrededor del termómetro por el agua y continuarán a lo largo del tubo sin obstruirse en él. Tales partículas tipicamente fluirán con velocidades que son muy similares a, y usualmente iguales a, la velocidad del fluido. Cuando el líquido toma el desvío para fluir alrededor del termómetro, arrastra consigo a los coloides.

Sólo a velocidades de flujo muy altas, las diferencias de masa entre los coloides y el fluido pueden comenzar a mostrar diferencias entre el momento del fluido y el momento de los coloides. Hablando en términos generales, las suspensiones no fluyen lo bastante rápido en los tubos para que eso suceda a los coloides.

Partículas gruesas

Al otro extremo, si se consideran partículas de 100μm como un "extremo," puede que los fluidos no tengan el momento suficiente para arrastrar completamente las partículas grandes. Con tiempo suficiente y flujo rectilíneo, partículas de 100μm pueden viajar normalmente con velocidades similares a los fluidos portadores. Pero cuando aparece una obstrucción, el fluido no tiene el momento ni la influencia suficiente sobre las partículas más grandes para acelerarles apartándolas de la obstrucción. Cuando esto ocurre, el fluido correrá alrededor de la obstrucción, pero muchas de las partículas que van en el fluido chocarán con ella. Ciertas partículas pueden formar un depósito en el borde de ataque de la obstrucción y ciertas partículas rebotan en la obstrucción (posiblemente causando abrasión), fluyen alrededor y continúan luego a lo largo del tubo.

Recuerde: El momento es el resultado de multiplicar la masa por la velocidad. La capacidad del fluido para influir las velocidades de partícula depende de si el fluido tiene bastante momento, debido a la combinación de su masa y su velocidad, para afectar los momentos de las partículas. Cuando las partículas son bastante grandes, el momento del fluido portador tendrá efecto pequeño y las partículas chocarán con la obstrucción, aunque el fluido portador fluya alrededor.

Los efectos

¿Qué ejemplos comunes de las interacciones entre partículas y fluidos hemos visto todos? ¿Cómo se presenta tal comportamiento en los sistemas de procesamiento cerámico? ¿Qué problemas enfrentan los ceramistas cuando ocurren tales fenómenos?

Insectos en las parabrisas

Éste parece un tema extraño, pero es un ejemplo común de cómo las partículas (insectos) interactúan con los fluidos (aire) y con parabrisas de automóviles en movimiento (obstrucciones).

¿Alguna vez ha notado que la mayor parte de los automóviles deportivos tiene pocos insectos marcados en sus parabrisas? Las formas aerodinámicas de tales automóviles se ajustan de tal forma que puedan correr a alta velocidad con la mínima resistencia de viento. El aire fluye muy suavemente sobre y alrededor de tales diseños.

Los grandes camiones con superficies de grandes áreas frontales están al extremo opuesto de los finos automóviles deportivos. Las resistencias de viento son substanciales en tales camiones.

Mientras que es relativamente fácil para el aire para fluir alrededor de un automóvil deportivo, es también relativamente fácil para insectos en el flujo del aire arrastrarse alrededor de los automóviles deportivos. Se necesita un momento pequeño para mover los insectos fuera del alcance de tales automóviles. Los únicos insectos que tipicamente golpearán el parabrisas de un automóvile deportivo serán las variedades realmente grandes que se mueven muy lentamente. Todo esto aplica también a muchos de los automóviles de familiares de hoy, que son muy aerodinámicos comparados con la mayor parte de los automóviles del Siglo XX. Los insectos y mosquitos pequeños simplemente no golpean los parabrisas de la mayor parte de los automóviles de hoy, pero los bichos grandes lo hacen.

Los parabrisas de los camiones, sin embargo, serán golpeados por muchas clases de insectos más grandes y especialmente por los insectos más pequeños. Será difícil para insectos que estén alineados con el centro de tales parabrisas que sean acelerados lateralmente por la corriente de aire cuando pasan los camiones. Dado que tales camiones presentan áreas frontales grandes, los insectos delante de ellos tendrían que ser acelerados lateralmente varios metros para evitar las colisiones; debido a que tales camiones no son muy aerodinámicos, aun los insectos menores chocan con ellos.

Todo el mundo debe haber tenido alguna experiencia con los fenómenos de este ejemplo; los próximos ejemplos, sin embargo, son de orientación más ingenieril.

Muestreo isocinético

Las interacciones entre partículas y los fluidos portadores están en la base de los procedimientos de muestreo isocinético que se usan en sistemas de muestreo de chimenea. Cuando las chimeneas se muestrean para medir las distribuciones de tamaño de las partículas y las cantidades de las partículas desechadas en la atmósfera por la corriente de escape industrial, el muestreo debe hacerse isocinéticamente. Esto significa que la velocidad de los gases que entran por la punta de la sonda del muestreador debe igualar exactamente la velocidad de gas en el punto de muestreo en la corriente de escape de gas. Cuando esas velocidades son iguales, el gas y las partículas arrastradas fluyen sin interferencias en la sonda del aparato muestreador. Eso permite recoger una muestra exacta y el hacer cálculos exactos de la masa de partículas arrojadas a la atmósfera. Si el muestreo no es isocinético y las velocidades en el chimenea y a la entrada de la sonda difieren, los resultados de las pruebas no caracterizarán exactamente la corriente de escape.

La figura 8.1 muestra tres ejemplos diferentes de muestreos. La figura 8.1A muestra una prueba isocinética donde la velocidad dentro la sonda muestreadora sirve para la velocidad en la corriente de gas de escape. La figura 8.1B muestra una prueba cuando la velocidad dentro de la sonda es menor de la velocidad de gas de escape, y la figura 8.1C muestra un ensayo cuando la velocidad dentro la sonda es mayor que la velocidad de la corriente de gas de escape.

Cuando una sonda de muestreo isocinético se inserta en un chimenea, el objetivo es capturar todo el gas y las partículas que viajan dentro de la columna de fluido con la que está alineada y definida por la circunferencia exterior de la boquilla de la muestra, de forma que los gases y las partículas fluyan sin interferencia en lo boquilla y se capture la cantidad correcta de material, no más y no menos. Esto se muestra en la figura 8.1A.

La figura 8.1B muestra condiciones que ocurrirían si una succión **in**suficiente se ha aplicado a la boquilla al tratar de igualar la velocidad de corriente de gas de escape. En este caso, aún las partículas directamente alineadas con la sonda fluirían alrededor de ella con la corriente de gas. Cuando la velocidad de gas dentro de la entrada de boquilla es menor que

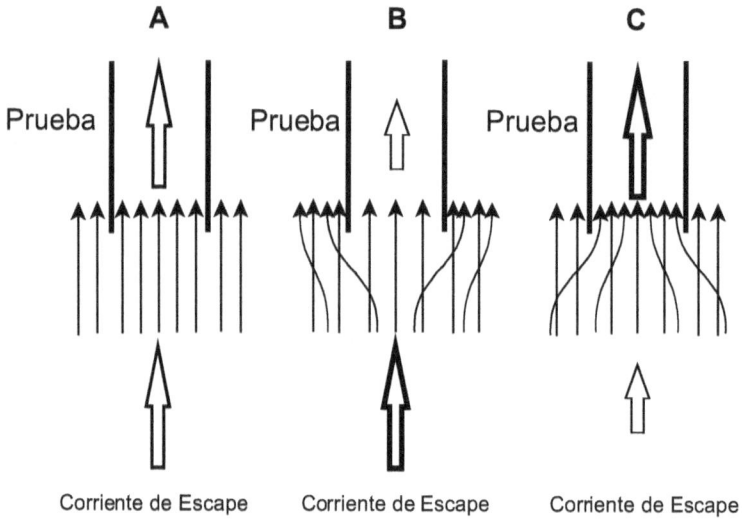

Figura 8.1. Ejemplos de muestra de chimenea: (A) Iso cinético,
(B) Velocidad demasiado baja de prueba, y (C) Velocidad de prueba
demasiado alta. Las flechas más grandes representan velocidades de las
corrientes en las sondas y en los tubos de escape; las flechas sólidas son
las partículas gruesas; y las flechas punteadas son los coloides.

la velocidad de la corriente del escape, la boquilla actuará como un objeto
despuntado y obstruirá el flujo de gas.   El gas y las partículas finas
arrastradas fluirán alrededor ella.   Sólo las partículas grandes fluirían
directamente hacia la sonda y podrían impactar los gases de velocidad
lenta en la entrada de boquilla, entrar a la sonda y ser analizados.   Esto
produciría un resultado de muestreo incorrecto: la cantidad de partículas
(y especialmente las partículas más finas) que fluyen en el gas del escape
pueden ser excesivamente subestimadas.

Si se aplica vacío a la sonda con una bomba grande a máxima
potencia, la sonda podría actuar como una aspiradora y chupar la mayor
parte de las partículas de la chimenea, sin importar las posiciones
originales de las partículas en la corriente de flujo relativa a la sonda.

La figura 8.1C muestra las condiciones que ocurren cuando la
succión en la sonda es demasiado grande y la velocidad del gas dentro de
la sonda es alta con relación a la velocidad de la corriente de gas del

escape. Grandes cantidades de partículas finas se arrastrarían de la chimenea a la sonda (especialmente los coloides), pero las partículas gruesas en el chimenea difícilmente se verían afectadas. Nuevamente los resultados también arrojarían un error porque el cálculo se basa en la suposición que todas las partículas que entran a la sonda están viajando alineadas en la chimenea. En este caso, la masa de partículas en la corriente de gas de escape se podría sobreestimar severamente.

Sólo cuando la velocidad del gas del escape y la velocidad en la entrada de sonda son idénticas (es decir, isocinético, como en la figura 8.1A) se consigue una muestra que produce resultados exactos. Cuando las dos velocidades son idénticas, ambos, el gas y las partículas en la corriente estarán fluyendo directamente hacia la entrada de la boquilla y entrarán suavemente en ella, serán capturados en el filtro de la prueba, y producirán buenos resultados.

Molienda y mezcla

En sistemas de molienda y mezcla de alta intensidad (DAI), donde el objetivo es que los medios moledores y las puntas de los impulsores del mezclador o agitador impacten contra las partículas y los aglomerados, las interacciones entre partícula y fluido son importantes.

Cuando las partículas son tan finas que fluyen fácilmente con los fluidos portadores, pueden perder los eventos de molienda y mezclado que se supone que deben experimentar. Cuando los contenidos de sólidos son demasiado bajos y las dimensiones de las partículas son demasiado finas, la molienda y la dispersión de alta intensidad (DAI) pueden ser ineficientes o inefectivas.

Por ejemplo, es extremadamente difícil (casi imposible) moler todas las partículas en un molino grande de bolas que se usa para producción y lograr que el 100% de la masa sea más fina que $\sim 10 \mu m$. Si es necesario que sea así, los tiempos de molienda pueden ser muy largos y aún entonces, puede que no se alcance completamente el tamaño deseado en todas las partículas finas.

Las partículas más grandes en tales molinos tienen la máxima probabilidad de ser impactadas y rotas por un evento de molienda. Las probabilidades del impacto disminuyen a medida que las dimensiones de las partículas disminuyen. La razón de esto es porque las partículas más grandes reciben la mayoría impactos debido a que son los objetivos o blancos más grandes y son los que menor influencia tienen por parte del fluido portador.

A medida que en la molienda las partículas disminuyen en tamaño, se arrastran más fácilmente por el fluido de portador y pueden acelerarse lateralmente para escapar de los impactos de los cuerpos moledores. En los molinos de bolas en seco que usan barrido por aire, la velocidad del aire que viaja por tales molinos se controla de tal forma que arrastre todas las partículas por debajo de cierto tamaño y las saque fuera del molino. De este modo, no se derrocha ninguna energía moliendo las partículas a tamaños más finos de lo requerido. Tan pronto como las partículas son bastante finas, se barren fuera del molino.

En los molinos secos por lotes, cuando las partículas son bastante finas, pueden quedar en las corrientes de aire, ser arrastradas y escapar todos los eventos o impactos de molienda adicionales. En los molinos de bolas en húmedo que se operan a contenidos bajos de sólidos, las partículas finas pueden acelerarse con el fluido que pasa alrededor del cuerpo moledor y escaparse de los impactos de molienda por razones similares a las que se explicaron atrás.

Otra razón del porqué las partículas finas no sufren impactos fácilmente es debido a sus tamaños con relación al tamaño de los medios moledores. Dado que los medios moledores pueden ser bolas de diámetros tan grandes como 5cm, 7.5cm, y 10cm y las partículas tienen diámetros de 20μm o menos, las oportunidades de que los medios moledores exactamente impacten las partículas finas son muy pocas. ¿Cuántas serán las partículas que están exactamente en el área de impacto cuando dos bolas de medios moledores chocan? Si el impacto golpea primera una partícula más grande, las partículas de menor tamaño dentro de la zona del impacto pueden quedar protegidas de la fuerza completa del impacto.

Las fortalezas inherentes de partículas normalmente crecen a medida que el tamaño de las partículas disminuye. Las partículas gruesas se fracturarán preferentemente a lo largo de los defectos de sus granos. A medida que las partículas se reducen de tamaño, menos y menos defectos existen y las fortalezas de partículas inherentes aumentan. Las partículas gruesas defectuosas (e inherentemente más débiles) tienen más probabilidades de experimentar la energía completa de los impactos de los medios moledores, mientras que las partículas finas, menos defectuosas y más fuertes, tendrán menos probabilidades de experimentar la energía completa de los impactos de los medios moledores.

No hay ninguna solución fácil para este problema en molino de bolas en seco e intermitente (por lotes) o en un molino continuo de bolas de aire barrido. Una solución es usar diferentes tipos de molinos que han sido diseñados para una trituración eficiente de partículas en estos rangos de tamaños más finos. Se pueden usar por ejemplo, los molinos de energía fluida.

En los sistemas para molienda en húmedo, una excelente solución es apiñar las partículas. Si no existe ningún espacio adyacente en el que una partícula pueda moverse para escapar un impacto inminente, la partícula **experimentará** el impacto y **será reducida** de tamaño. Una manera de apiñar las partículas suspendidas es incrementar los contenidos de sólidos de la suspensión. Tenga presente, sin embargo, que esa acción de elevar los contenidos de sólidos en un molino de bolas cambia la distribución de tamaño de las partículas del polvo del producto.

La otra solución que es válida para los sistemas en húmedos es usar un tipo diferente de molino. El molino vibratorio de bolas y el molino de bolas con agitación ("stirred ball mill" en Inglés) se usan comúnmente para moler partículas de grano fino en húmedo.

Los sistemas de dispersión de alta intensidad (DAI) se basan en los impactos entre los dientes de las paletas del agitador de alta velocidad y los flocs, partículas y aglomerados, para ejecutar su desaglomeración y delaminación. Cuando se usan suspensiones de contenidos bajos de sólidos, la DAI no logra desaglomerar o deslaminar correctamente. A contenidos bajos de sólidos, las partículas pueden evadir las zonas de impacto con los fluidos portadores y no ser correctamente impactadas por las dientes. Cuando esto sucede, se derrocha energía.

Las suspensiones deben estar razonablemente apiñadas o congestionadas para que la DAI trabaje correctamente. Los sistemas que están demasiado llenos (apiñados o congestionados) también pueden ser ineficientes, pero cierto apiñamiento es necesario.

La temperatura es un buen indicador para revisar si la DAI está trabajando eficientemente. Cuando las suspensiones que están a temperatura ambiente se mezclan en sistemas de DAI y alcanzan rápidamente ~70°C, la DAI está trabajando bien. En sistemas de DAI en continuo (DAIC), esto también puede suceder inclusive con tiempos tan cortos de permanencia o residencia en la cámara de dispersión, como 30 segundos.

Otra razón de porqué el apiñamiento de partículas mejora los fenómenos de molienda y DAI en sistemas congestionados, es que las fuerzas de impacto se transmiten de partícula a partícula dentro de las zonas de impacto. La probabilidad que dos bolas de molino impacten exactamente una partícula fina, es relativamente baja. Pero las mismas dos bolas en un molino tendrán una alta probabilidad de impactar varias de las partículas colocadas entre ellas en una suspensión apiñada.

Para usar una analogía de fútbol, un único delantero puede tener una buena oportunidad y más tiempo eludiendo un único defensor entre él y el marco del equipo contrario. Pero ese mismo delantero tendrá más dificultades corriendo con el balón por el centro del campo en el que todos de sus compañeros de equipo y el equipo contrario están apiñados. El jugador puede chocar frecuentemente con otros a medida que trata de moverse hacia el arco contrario dentro del área buscando el gol. Aún cuando ninguno de los defensores contrarios tienen permiso para derribarle, los espacios entre ellos pueden cerrarse y el delantero puede ser cubierto, neutralizado, y quedar sin libertad de movimiento para buscar el gol, debido que el campo está lleno alrededor de él.

Considere también lo que sucede cuando alguien pierde la bola y un grupo de jugadores que están cerca se lanzan a buscarla. El jugador que está más cerca de ella, seguramente sentirá una serie de impactos producidos por los demás que están buscándola al chocar unos contra otros. En el futbol americano, cuando un jugador pierde la bola y otro par de jugadores se le lanzan encima de bola y todos los demás hacen lo mismo, encima de la bola y de los dos primeros jugadores, se forma una enorme pila de jugadores en el campo. El jugador(es) en el fondo de la pila sentirá los impactos de todo el que se lanza encima de la pila. Los impactos se transmitirán de jugador a jugador desde la parte superior hacia abajo y por la pila de personas hasta el jugador(es) que está al fondo y que logró agarrar la bola.

Similarmente, este tipo del fenómeno sucede en la molienda y en los sistemas de DAI. Las partículas individuales no pueden entrar contacto físicamente con los medios del molino o las palas del mezclador, pero cuando el sistema están apiñado o congestionado, los impactos se transmitirán de las bolas moledoras a las partículas y entre ellas de la una a la otra y luego de esta partícula a otra partícula y de ésta última a otra bola y así sucesivamente. Como consecuencia, muchas partículas verán los eventos de impacto, aunque sólo relativamente pocas puedan estar en contacto con las bolas de los medios moledores o con las paletas del mezclador.

La persona(s) a cargo de las operaciones de molienda y de DAI, debe considerar si las condiciones que está usando favorecen los impactos de las fracciones de partículas deseadas en sus suspensiones. Si las condiciones no favorecen los impactos deseados, los operadores deberían cambiar las propiedades de suspensiones o los parámetros de operación de molienda y de mezcla de alta intensidad o pueden usar un tipo completamente diferente de molino para lograr un buen resultado en los materiales de su producto.

Durante el proceso de toma de tales decisiones, se deben hacer consideraciones especiales sobre si las partículas están suficientemente libres para escapar los eventos de la trituración y de DAI, o si las suspensiones están suficientemente apiñadas para que así las partículas no puedan escapar de estos eventos.

Filtroprensado y vaciado (colado)

Inmovilice los coloides

Durante las operaciones de deshidratación tales como filtroprensado y vaciado (conocido también como colaje, colado, formación por colaje, o por colado; "casting" en Inglés), las interacciones entre partícula y fluido de nuevo son importantes. Cuando las partículas suspendidas se inmovilizan rápidamente por floculación y los fenómenos de gelificación, se verán influidas por el flujo de tales fluidos portadores. Esto es particularmente pertinente a coloides que fácilmente se ven afectados por el flujo.

Cuando las suspensiones se **floc**ulan entera o parcialmente, los coloides se inmovilizarán rápidamente por su incorporación en las estructuras de gel en crecimiento. Cuando las suspensiones están entera o parcialmente **defloc**uladas, los coloides pueden permanecer libres y móviles donde fácilmente se ven influidos por los flujos del líquido portador.

En muchas (¿¿todas??) fábricas de procesamiento cerámico que ejecutan operaciones de vaciado y filtro prensado, normalmente el objetivo es vaciar o prensar tan rápido como sea posible. Cuando estas operaciones se ajustan para ocurran rápidamente, el agua (el fluido portador) fluirá con velocidades relativamente altas hacia a la superficie del filtro. Cuando se usan suspensiones defloculadas, los fluidos corrientes arrastrarán todas las partículas libres hacia el filtro. Los fluidos ejercerán la influencia máxima en las partículas más finas (los coloides) y esa influencia se disminuirá a medida que las dimensiones de las partículas aumentan.

Como consecuencia, una suspensión de filtro prensa se puede segregar separando las partículas desde el tamaño más pequeño en las telas de filtro al tamaño grueso en los centros de las tartas de filtro (galletas de la filtroprensa, tortas de filtroprensa). La distribución de tamaño de las partículas de la suspensión entera puede empacarse razonablemente bien, pero al desmezclarse y segregarse en los diferentes tamaños, las porosidades de los empacamientos serán altas y las permeabilidades en la superficie del filtro serán bajas. Dado que los coloides se arrastran más fácilmente conjuntamente con los fluidos portadores, la superficies de tarta en contacto con los filtros puede ser muy lisas debido a los coloides y la superficie al centro del tarta puede ser muy burda y áspera. Muchas de tales tartas se pueden separar en dos mitades debido a que las partículas gruesas en los centros de la tarta se separan fácilmente.

La razón es simple de explicar. Cuando los coloides más finos en una suspensión defloculada se arrastran conjuntamente con el flujo hasta que alcanzan la superficie del filtro, el primer estrato de la tarta a la tela de filtro será predominantemente de coloides. Este primer estrato esencialmente será un mono dispersión de las partículas más finas en la suspensión. Las mono dispersiones empacan mal. Las porosidades interpartículas en las mono dispersiones pueden ser 40% o mayores, pero los diámetros utilizables de los canales de poros dentro de este primer estrato monodisperso de coloides serán pequeños debido a los diámetros coloidales pequeños.

Cuando todo el fluido adicional que debe ser retirado debe pasar por tal estrato de coloides con canales pequeños, los índices de deshidratación disminuyeren rápidamente, y los tiempos de filtro prensa crecerán substancialmente.

Las suspensiones defloculadas no se deben usar en operaciones de filtro prensa; se deben usar suspensiones floculadas. En las suspensiones floculadas, los coloides (y las partículas gruesas) se pueden inmovilizar fácilmente e incorporase en la estructura de gel. A medida que las estructuras de gel se forman, el fluido que debe ser retirado puede fluir por canales relativamente grandes formados dentro de la estructura tridimensional de gel.

La expresión clave que se debe recordar es: *Inmovilice los coloides*; eso ocurre en las suspensiones floculadas. Cuando las condiciones favorecen que los coloides se inmovilicen, la deshidratación puede proceder rápidamente.

Condiciones para tasas altas de deshidratación

Ciertos ceramistas han aplicado el razonamiento incorrecto como guía cuando están adelantando operacciones de filtroprensando y vaciado. Muchos han concluido que desde que las suspensiones de contenidos más altos de sólidos contienen menos agua, deben ejecutar filtro prensando y vaciado a los contenidos más altos posibles de sólidos si quieren que las operaciones ocurran rápidamente.

El énfasis en este razonamiento está en **la cantidad del agua**, pero debe centrarse más bien en **la comodidad del flujo** del agua a través de la galleta o pasta formada. Para lograr las viscosidades de suspensión razonables cuando los contenidos de sólidos se aumentan al máximo, la suspensión debe estar bien defloculada. La deshidratación de suspensiones bien **defloculadas procederá lentamente**.

Cuando las suspensiones se ajustan de forma tal que los canales de flujo a lo largo del gel presentan la menor resistencia a flujo de agua, las operaciones de filtro prensando y vaciando pueden proceder rápidamente. Tales comportamientos ocurren en las suspensiones **floculadas** de contenidos inferiores de sólidos. Los coloides y otras partículas finas se inmovilizan rápidamente, los canales de flujo a lo largo de la estructura de gel serán razonablemente grandes, y el agua puede fluir a través de la estructura de manera relativamente fácil.

El punto no es *¿cuanta agua debe retirarse?*, sino *¿qué tan fácilmente puede fluir el agua por la torta?* El resultado es que a menor contenido de sólidos y mayor cantidad de agua que debe retirarse, mayores serán los estados requeridos de floculación y la operación de deshidratación ocurrirá más rápido. Por el contrario, a mayores contenidos de sólidos y menor cantidad de agua que se debe sacar, más altos serán los estados **de**floculación requeridos, y la operación de deshidratación será más lenta.

Si esto es difícil de creer, pruébelo en el laboratorio y encontrará que el concepto trabaja. Prepare varias suspensiones a contenidos diferentes de sólidos pero con viscosidades aparentes similares. La serie de suspensiones deberá cubrir el rango desde suspensiones floculadas de gravedad específica baja hasta suspensiones defloculadas de gravedad específica alta. Prénselas en una filtro prensa en el laboratorio y mida los índices de filtración y los índices de formación progresiva de tartas. Las suspensiones con mayores niveles de floculación y con los contenidos inferiores de sólidos ganarán.

Abrasión

Tenga presente que cuando las condiciones de suspensión son las apropiadas para que las partículas gruesas choquen contra posibles obstrucciones en las vías de flujo, esas obstrucciones estarán sujetas a niveles altos de abrasión. A un termómetro en un tubo, lo mínimo que le pasará, es que se empezará a pulir y raer lentamente por partículas en la suspensión. Según las velocidades en los tubos van aumentando, las intensidades de abrasión crecen y los niveles de abrasión pueden llegar a ser finalmente similares a lo que se logra con las operaciones de pulido con chorro de arena ("sandblasting" en Inglés).

Para minimizar los problemas de abrasión, las dimensiones de las partículas en la suspensión deben ser pequeñas, y los contenidos de sólidos y velocidades de la suspensión deben permanecer bajos. Estas tres condiciones favorecen que las partículas se arrastren fácilmente con los fluidos alrededor de las obstrucciones.

La abrasión en los sistemas de suspensión es uno de esos fenómenos que nunca puede eliminarse. Los controles apropiados pueden minimizar sus efectos dañinos, pero al tratar con suspensiones, los ceramistas deben estar prevenidos de que de todas maneras deben lidiar con la abrasión.

Interacciones de partículas

Las interacciones entre partículas ocurren cuando el momento de las mismas es demasiado grande para que el fluido les acelere lateralmente para evitar las colisiones con otras partículas. En la sección precedente, se habló de los obstáculos grandes pero cada partícula es un obstáculo potencial (aun cuando sea pequeña) para todas las otras partículas.

Cuando dos partículas se acercan, cada una se verá acelerada hacia el lado por el fluido para evitar la potencial colisión. Cuando el momento es demasiado alto, las partículas chocarán. Después de que las colisiones ocurren, las velocidades y momentos de ambas partículas pueden quedar en direcciones totalmente diferentes de la dirección original de flujo. A medida que el número e intensidad de las colisiones de partícula a partícula crecen, las mismas pueden empezar a rebotar de colisión en colisión hasta que se podrían iniciar los comportamientos de reopexia y el principio de la dilatancia.

Las partículas más grandes con los momentos máximos son las que tienen mayores probabilidades de chocar. A medida que las velocidades de cizalladura, las velocidades de las partículas y los momentos aumentan con las velocidades de flujo, partículas cada vez más pequeñas pueden empezar a chocar unas con otras.

Como se discutió previamente, las partículas coloidales (a menos de que se inmovilicen) generalmente viajan con los fluidos. Cuando encuentran un obstáculo, en este caso otra partícula, el fluido portador fluirá alrededor del obstáculo y las partículas coloidales que fluyen con él, pueden acelerarse fácilmente y pasar alrededor de los obstáculos. Por el contrario, cuando el momento de la partícula aumenta, ésta se comportará cada vez con más independencia del fluido portador y las colisiones de partícula/partícula pueden empezar a ocurrir.

Dado que el momento de una partícula es una función de su masa y su velocidad, las partículas con masas grandes y/o velocidades grandes pueden tener el momento suficiente para viajar independientemente del fluido y se chocan con otras partículas. Coloides viajando a velocidades suficientemente altas o partículas grandes viajando a velocidades relativamente bajas pueden chocar fácilmente con otras partículas, aun cuando el fluido portador fluya suavemente alrededor de esas otras.

La figura 8.2 muestra ejemplos de dos partículas acercándose (A) e interactuando (B) y (C). Si los momentos de las partículas son bajos cuando se acercan y el fluido puede influir suficientemente sobre las dos, cada una puede ser acelerada fuera del camino de la otra y cada una fluir alrededor de la otra como en (B). Si los momentos de partículas que se acercan son grandes, las partículas podrían chocar como en (C). Note que cuando las partículas no chocan, pueden continuar moviéndose en aproximadamente su misma dirección original con el fluido portador.

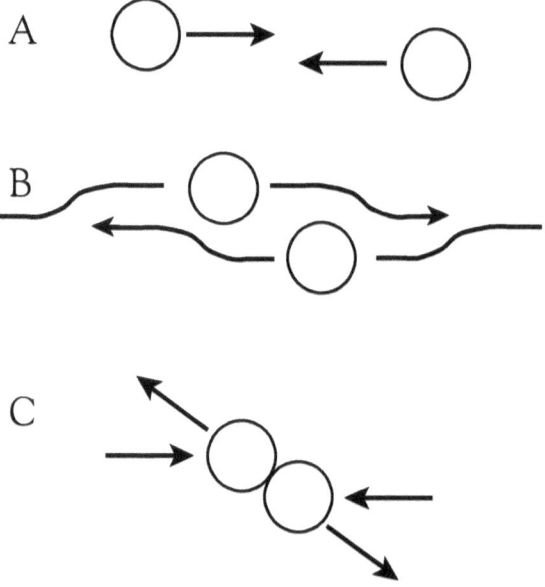

Figura 8.2. Las interacciones entre dos partículas.

Cuando chocan, sin embargo, tomarán direcciones nuevas después de su colisión.

La interacción que se muestra en la figura 8.2(B) puede ocurrir cuando las partículas en (A) son coloides, cuando se están moviendo razonablemente rápido, o cuando las partículas en (A) son las partículas grandes que se mueven lentamente. Las colisiones como en (C) son más típicas de las interacciones de partículas gruesas, aunque pueden ocurrir también entre los coloides de velocidad alta.

La naturaleza de las colisiones como en (C) dependerán de las características de los materiales de las partículas. Cuando los granos tienen superficies relativamente lisas, o cuando están cubiertos con polímeros, las colisiones pueden incluir cierto deslizamiento superficial y fricción. Hablando en términos generales, las colisiones son del tipo de las que ocurren entre bolas de billar y el carácter de la transferencia de momento durante colisiones depende de las propiedades elásticas de los materiales de partículas.

Los números e intensidades de las colisiones, por supuesto, dependerán de la densidad de partículas en suspensión y las velocidades de flujo. Cuando las suspensiones de partículas están congestionadas, éstas pueden rebotar de una colisión a otra porque no existe ningún volumen libre dentro de la suspensión para que puedan moverse para evitar los choques. Cuando las partículas no están apiñadas en las suspensiones, las colisiones pueden ser muy raras.

Partículas moviéndose en la misma dirección

Las partículas en la figura 8.2 se están moviendo en direcciones opuestas. Usted puede estar preguntándose si los granos normalmente no se están moviendo en la misma dirección en la mayor parte de las circunstancias de flujo. Sí, normalmente y generalmente, estarán viajando en la misma dirección. Las condiciones de cizalladura que deben considerarse, sin embargo, son las velocidades impuestas de cizalladura. Aun cuando todas las partículas se estén moviendo en la misma dirección general, a mayor velocidad de cizalladura, mayores pueden ser las diferencias de velocidades entre partículas adyacentes.

Cuando una partícula se está moviendo a 100 cm/s y una otra está moviendo a 150 cm/s, la diferencia entre los dos (la velocidad de acercamiento) es 50 cm/s. Tomando el punto de vista de una partícula, la otra partícula se está acercando a 50 cm/s.

La imagen más simple para ejemplificar este caso es considerar un viaje en una autopista alemana. Cuando uno va conduciendo en la autopista a 160kph en un automóvil de alquiler y un _____ (llenar el espacio con su marca favorita de automóviles deportivos europeos) pasa volando a más de 240kph, uno puede pensar que está inmóvil. Aunque está yendo realmente rápido, no lo parece con relación al automóvil deportivo. ¡Ese es el punto! ¡Y si los dos automóviles tienen una colisión, podría ser un accidente terrible! ... aunque ambos automóviles estaban viajando en la misma dirección.

En el flujo en un tubo a altas velocidades de cizalladura, algunos micrones de distancia pueden representar una diferencia de velocidad enorme debido al alto gradiente de velocidad conocida como la *velocidad de cizalladura*.

Resumen

Los fluidos portadores de las suspensiones fluirán alrededor de los obstáculos. Cuando hay suficiente momento del fluido para influir y acelerar las partículas arrastradas fuera de la vía de los obstáculos, las partículas arrastradas también fluirán alrededor de ellos.

Cuando los momentos de las partículas son demasiado grandes para que el momento del fluido pueda alterar suficientemente sus trayectorias, dichas partículas chocarán con los obstáculos. Cuando los contenidos de sólidos de las suspensiónes son altos y por tanto las partículas están apiñadas, las colisiones serán frecuentes y dominantes.

Las colisiones pueden ocurrir entre partículas en cualquier suspensión. La cantidad e intensidades de las colisiones dependerán de la densidad de partículas por volumen de la suspensión y de las velocidades de flujo de las partículas suspendidas.

Las partículas coloidales son bastante pequeñas y por ello viajarán con los fluidos portadores y raramente se chocan con otras partículas, pero cuando sus velocidades son suficientemente altas o los contenidos de sólidos son altos, ellas también están sujetas a colisiones. Las partículas grandes frecuentemente se chocarán con todos los obstáculos en sus vías. Cuando sus velocidades son suficientemente bajas y están en suspensiones de contenidos bajos de sólidos, las partículas gruesas pueden fluir suavemente alrededor de los obstáculos.

Todas las partículas con tamaños entre estos dos extremos están similarmente sujetas a colisiones. Las dos propiedades principales que gobiernan tales interacciones son: (1) velocidades de partícula en la suspensión y velocidades de flujo de la suspensión, y (2) contenidos de sólidos de las suspensiónes. Cuando las velocidades de flujo y los contenidos de sólidos son altos, puede suponerse que las colisiones dominan el flujo de la suspensión. Cuando las velocidades de flujo y los contenidos de sólidos son bajos, las colisiones pueden ser raras.

Capítulo Nueve

Fuerzas repulsivas y defloculación

La defloculación causa fuerzas repulsivas interpartícula que dominan el comportamiento de las suspensiones de partículas en fluidos. Cuando las suspensiones están defloculadas, puede aparecer la reología de espesamiento por cizalladura, es decir, el comportamiento dilatante. Las interrelaciones entre estos fenómenos serán el objeto de este capítulo.

Fuerzas repulsivas inter partículas

Efectos del pH

Cuando las partículas suspendidas en fluidos exhiben altas cargas superficiales electrostáticas positivas o altas cargas negativas, dominarán las fuerzas repulsivas y las partículas presentarán repulsión mutua. Bajo tales condiciones, todas las partículas estarán separadas y tan distantes una de la otro como les sea posible.

El tipo mineralógico de las partículas, el pH en el fluido del entorno y la presencia y concentración de los aditivos defloculantes, afectan las densidades de carga y el signo de las cargas electrostáticas superficiales que ejercen la acción de repulsión.

Como se ha mencionado previamente, cada especie mineralógica tendrá un Punto IsoEléctrico (IEP). El punto isoeléctrico es el pH al cual la carga superficial neta en el mineral es cero. En condiciones en las que el pH es más ácido que el IEP, es decir a valores más bajos de pH, las cargas superficial electrostáticas serán positivas. En condiciones en las cuales el pH es más básico que el IEP, es decir a valores de pH más alto, las cargas superficiales electrostáticas serán negativas.

En las arcillas y otros minerales donde las superficies y los bordes de las placas no son necesariamente de la misma carga, estas tendencias son generalmente válidas con los valores del IEP utilizables para las superficies y para los bordes.

Al IEP, las suspensiones se flocularán. A medida que el pH se aleja del IEP, las suspensiones se empezarán a deflocular. A un pH lejos del IEP, las suspensiones estarán altamente defloculadas.

En suspensiones defloculadas, las fuerzas atractivas de Van der Waals se enmascaran por la presencia de otras fuerzas repulsivas electrostáticas más fuertes. Las fuerzas de Van der Waals están presentes en todo momento (no se pueden eliminar), pero son débiles y fácilmente se ven dominadas por las fuerzas repulsivas electrostáticas más fuertes.

Efectos de la defloculación

Polielectrolitos aniónicos

Los aditivos químicos que mejoran las fuerzas repulsivas electrostáticas son llamados *dispersantes* o *defloculantes*. Estos aditivos toman frecuentemente la forma de poli electrólitos aniónicos, muchos de los cuales son hidrocarburos de cadena larga (polímeros) con muchos entes ionizantes en toda la longitud de las cadenas e polímero.

Cuando los poli electrólitos aniónicos se adicionan a las suspensiones, los cationes localizadas periódicamente a lo largo de las cadenas del polímero, se ionizan y liberan para quedar en circulación en la solución. Después de que los entes positivos cargados se liberan, los abundantes sitios negativos a lo largo de las cadenas de polímero causan que finalmente estos queden con altas cargas negativas.

Cuando tales polímeros se añaden a las suspensiones, cubren las superficies de partícula justo como la pintura cubre las superficies de una pared. Aún si las partículas son ya electrostáticamente negativas, las cubiertas (capas de pintura en la analogía) de aditivos pueden mejorar las cargas negativas de la superficie de las partículas. Las partículas suspendidas se convierten en individuos más alta y negativamente cargados y las suspensiones quedan muy defloculadas.

Debido a que los polímeros de cadenas largas son hidrófobos ("odian el agua"), el agua trata de minimizar su contacto con ellos y les empuja fuera de la suspensión. Como los polímeros no se pueden expulsar totalmente de la suspensión, el agua les empuja hacia todas las superficies disponibles de manera tal que sólo un lado del polímero queda en contacto con el agua. Así, finalmente, el contacto entre el agua y los polímeros se minimiza.

Las fuerzas hidrófobas son lo suficientemente fuertes para superar las fuerzas repulsivas electrostáticas. Por esta razón, los poli electrólitos orgánicos aniónicos funcionan bien cuando se añaden a las suspensiones que contienen partículas cargadas positiva o negativamente. El efecto hidrófobo empuja los polímeros electrostáticos negativos hacia afuera del fluido portador y contra las superficies de partícula. Aunque se esperaría que los polímeros de cargas negativas y las partículas de cargas negativas se repelan, las fuerzas hidrófobas son más fuertes de las fuerzas electrostáticas y de todos modos los polímeros quedan cubriendo las partículas y mejorando sus cargas superficiales negativas.

Cuando se añaden defloculantes a suspensiones que contienen partículas de cargas positivas, los polímeros de cargas negativas pueden cancelar y enmascarar las cargas positivas superficiales y entonces imponen las cargas negativas superficiales en las partículas. Dependiendo de los tipos de partículas y el pH de la suspensión, concentraciones relativamente bajas de ciertos defloculantes pueden cambiar las superficies desde positivas hasta superficies con cargas altamente negativas.

Otra efecto que ayuda a la defloculación y que lo causan los poli electrólitos orgánicos se conoce como *barrera estérica*. La palabra *estérico* lo define como un efecto de espacio. Cuando los poli electrólitos cubren las superficies de partícula, son similares a una capa de pintura que las cubre. Cuando dos de tales partículas se acercan la una a la otra, las superficies de tales partículas no pueden entrar en contacto porque se los impiden las capas de aditivo que están cubriendo cada superficie.

Cuando los poli electrólitos orgánicos se usan como defloculantes, no sólo mejoran la carga superficial y así las partículas causan repulsión una a otra, sino que también previenen físicamente que las partículas se acerquen a distancias menores que los espesores de las capas de electrolitos que las cubren. Su cobertura y efectividad, por supuesto, dependen de sus concentraciones en las suspensiones. Ambos mecanismos son características de los poli electrólitos.

Defloculantes inorgánicos

Otro deflocculante común que se usa en las suspensiones cerámicas es el silicato sódico, que es un aditivo inorgánico. El silicato sódico ayuda a mejorar las fuerzas repulsivas inter partículas en las suspensiones por un mecanismo fundamentalmente diferente al de los muchos aditivos orgánicos.

El silicato sódico es soluble, pero no hidrófobo. Mejora las cargas superficiales negativas en las suspensiones, no por añadir más cargas negativas superficiales como los orgánicos, sino por retirar los cationes positivos floculantes. Los iones de Mg^{++}, Ca^{++}, y Al^{+++} son ejemplos comunes de cationes multivalentes de floculación. En la solución, ellos se atraen a la cargas superficiales negativas, cancelan efectivamente esas cargas y reducen las fuerzas repulsivas inter partículas. Los silicatos de magnesio, calcio y aluminio son, sin embargo, insolubles. Así pues, cuando el silicato sódico se añade a las suspensiones, los iones de silicato se pueden combinar con estos cationes multivalentes y se precipitan en la forma de silicatos insolubles.

Mientras los cationes solubles están en solución, pueden asociarse débilmente con los sitios de cargas superficiales negativas de las partículas. Pueden ejercer atracción a un sitio, se combinan débilmente con él y cancelan su carga durante una fracción de un segundo y entonces se pueden mover de nuevo hacia afuera, al fluido inter partículas. Los cationes solubles se asocian dinámicamente con los sitios superficiales negativos. Mientras más fuerte sea su carga, mayor será el tiempo que permanecen asociados con uno o más sitios de cargas superficies negativas, pero como iones en solución se mueven alrededor, de acá para allá, se acercan y alejan de las superficies de las partículas.

Cuando estos cationes multivalentes de floculación se combinan con aniones de silicato, se precipitan, neutralizan y apartan de la solución. Como cationes, se mueven dinámicamente dentro de las suspensiones, pero una vez precipitados en la forma de silicatos insolubles, ya no funcionan como cationes de floculación. De este modo, el silicato sódico también mejora las cargas superficiales negativas de partícula en suspensiones al retirar los cationes de floculación. Utiliza un mecanismo diferente que los poli electrólitos orgánicos, pero el resultado final es similar.

Interacciones entre las partículas defloculadas

Las partículas suspendidas que están altamente cargadas electrostáticamente (positiva o negativamente) se repelerán una a la otra. Tales partículas no se juntarán fácilmente para formar estructuras de gel. La figura 9.1(A) representa la misma suspensión que se mostró en la figura 6.3(A). Las figuras 9.1(B), (C), y (D) representan imágenes de la suspensión en momentos posteriores cuando el sistema que se muestra en la figura 9.1(A) se mantiene a condiciones de defloculación.

A medida que las partículas defloculadas se mueven de un lado a otro en las suspensiones, las mismas tratan de situarse tan lejos una de la otra como les sea posible debido a las fuerzas repulsivas inter partículas. La figura 9.1 representa un período de tiempo similar al de la figura 6.3. Las partículas tienen libertad para moverse alrededor, pero la floculación

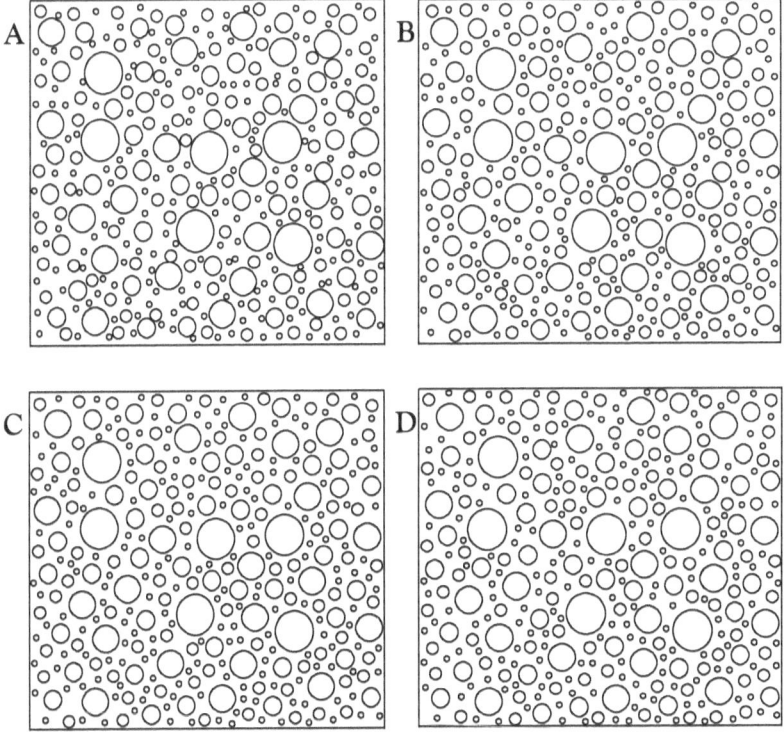

Figura 9.1. Una suspensión defloculada.

no ocurre y las estructuras de gel no se forman cuando las fuerzas electrostáticas repulsivas dominan como lo hacen en los sistemas defloculados.

Inestabilidad de suspensiones

Debido a la falta de la estructura de gel en sistemas defloculados, como se representa en la figura 9.1, no sólo es posible, sino probable, que las partículas grandes se sedimenten. Si esto ocurre o no, depende de los contenidos de sólidos de la suspensión y el tamaño de las partículas gruesas. La mayor parte de las partículas coloidales son bastante pequeñas por lo que no se sedimentarían considerablemente, pero las partículas gruesas pueden asentarse y lo harán cuando las condiciones lo permiten. Las suspensiones cerámicas típicas consisten de muchas partículas en cada una de estas categorías.

Los índices de sedimentación de las partículas se ordenan por orden de tamaños. Las partículas gruesas se posarán más rápidamente, seguido por los próximos tamaños, etc. Cuando los contenidos de sólidos son lo suficientemente bajos, las partículas pequeñas se pueden mover lateralmente para permitir que las partículas más grandes se decanten. Los contenidos de sólidos extremadamente bajos proporcionan condiciones apropiadas para que ocurra una sedimentación sin restricciones. Tales condiciones (sedimentación sin restricciones) son las requeridas para los análisis de tamaño de las partículas por sedimentación.

Las velocidades de sedimentación, que pueden calcularse con la ley de Stoke (Ecuación 3-2), son funciones de la masa de cada partícula y de la viscosidad del fluido portador. Las masas de las partículas coloidales, sin embargo, son bastante pequeñas que se ven afectadas por el movimiento Browniano. El movimiento Browniano de coloides puede ocurrir en cualquier dirección – con o contra la gravedad. Los coloides por lo tanto no se posan con velocidades previsibles debido al movimiento Browniano, ellos tienen la tendencia a moverse en direcciones aleatorias. Las partículas coloidales también son lo bastante pequeñas como para verse altamente influenciadas por las fuerzas repulsivas inter partículas en las suspensiones defloculadas y por el movimiento del fluido portador.

Dos de las condiciones requeridas por el análisis de tamaño de las partículas por sedimentación son: contenidos extremadamente bajos de sólidos y suspensiones altamente deflocculadas. Tales técnicas de sedimentación son útiles para analizar dimensiones de las partículas hasta los coloides, pero sin incluirlos.

La tendencia, por lo tanto, es que todas las partículas no coloidales en las suspensiones defloculadas se sedimenten. Si los contenidos de sólidos son lo bastante bajos y los niveles de defloculación son bastante fuertes como para permitir que las partículas se muevan localmente alrededor sin llegar a situarse demasiado cerca de otras partículas, las partículas gruesas pueden sedimentarse en los fondos de los tanques o de los recipientes.

Si se toman muestras de suspensiones defloculadas y floculadas y se ponen en envases de vidrio, permitiéndoles que se sedimenten, los resultados serán fundamentalmente diferentes. Aunque las suspensiones floculadas formarán las estructuras de gel, las partículas aún pueden decantarse dependiendo de los contenidos de sólidos de las suspensiones. Cuando las suspensiones floculadas se sedimentan, todas las partículas, incluyendo los coloides, estarán atadas en la estructura de gel y el líquido en la parte superior del envase será claro. Un sistema floculado tendrá una interfase bien definida entre el sedimento y el fluido sobrenadante y este sobrenadante será perfectamente claro.

Cuando una suspensión defloculada se deja sedimentar, las partículas gruesas pueden decantarse en el fondo del envase, pero no habrá ninguna interfase bien definida entre el sedimento y el fluido sobrenadante. El fluido cerca de la superficie del sedimento será nebuloso porque coloides se estarán moviendo en ese fluido. Los coloides no se posarán, ni se ven incluidos en una estructura de gel en una suspensión defloculada, permanecerán separados de otras partículas. Dependiendo de las condiciones de la suspensión, las suspensiones defloculadas pueden aparecer inalteradas, aún después haber estado en reposo en un estante durante 24 horas.

El factor clave que distingue las suspensiones **de**floculadas de las suspensiones **flocu**ladas es que las partículas de las suspensiones defloculadas viajan independientemente una de la otra. En las suspensiones floculadas, las partículas viajan en grupos (flóculos) de varios tamaños.

Normalmente no se espera que ocurra sedimentación en los sistemas floculados, porque todas las partículas rápidamente deben ser incorporadas a la estructura de gel mientras ésta crece. Cuando los niveles de agitación son suficientes para romper la estructura de gel, los contenidos de sólidos son bastante bajos y las partículas gruesas son lo bastante grandes, es posible que las partículas gruesas se sedimenten, aún en las suspensiones floculadas. Cuando los agitadores de los tanques de almacenamiento están correctamente diseñados para producir recirculación vertical, la sedimentación no debe ser un problema.

Reologías dilatantes o de espesamiento por esfuerzo

La floculación y las estructuras de gel tienen la tendencia a suavizar las interacciones entre las partículas, por el contrario la defloculación minimiza esos efectos suavizadores y permite que las partículas choquen más fácilmente. A medida que las velocidades de cizalladura crecen y los índices de colisión de partícula contra partícula crecen, las viscosidades aparentes también pueden crecer.

Un modelo de computadora, escrito por un estudiante del autor[3], simuló las suspensiones de partículas durante el flujo. El objeto del modelo fue calcular las viscosidades aparentes a varios niveles de las velocidades de cizalladura. En este modelo, la única forma de transferencia de energía considerada era la transferencia debido a colisiones de partículas. Las fuerzas atractivas y repulsivas interparticulares y las fuerzas de gravedad se ignoraron. La superficie superior de la celda se movió a varias velocidades, mientras que la superficie inferior era inmóvil. Sólo las colisiones de partícula a partícula y las colisiones entre las partículas y las superficies superiores e inferiores podían transferir energía dentro de la celda.

Los resultados de este modelo **únicamente** mostraron dilatancía. A medida que la velocidad de la superficie superior de la celda aumentaba, las viscosidades aparentes calculadas crecían. Cuando los contenidos de partículas sólidas aumentaban en la celda, las viscosidades aparentes crecían. Los resultados de este modelo mostraron muy claramente que las colisiones de partícula a partícula producen la reología dilatante.

Otros modelos desarrollados al mismo tiempo, cubrieron las condiciones al otro extremo donde contenidos de sólidos y velocidades de cizalladura eran muy bajos. Esos modelos incluyeron algoritmos para simular las interacciones debido a fuerzas repulsivas y atractivas interpartículas. Los algoritmos para manejar colisiones no estaban incluidos en esos modelos, de forma tal que tales partículas no pudieran chocar.

Los resultados de esos modelos demostraron que las fuerzas interpartículas causaron comportamientos seudo plásticos; **sólo** mostraron comportamientos seudo plásticos. Estos modelos no demostraron ninguna dilatancia porque las colisiones no se permitían. No vimos comportamientos seudo plásticos en los resultados de nuestro modelo porque ignoramos las fuerzas interpartículas. Como se puede apreciar, el conjunto de todos los diferentes resultados, se ajusta muy bien.

Partículas que viajan individualmente e independientemente en las suspensiones defloculadas mostrarán dilatancia, porque cuando dichas partículas interactúan, esas interacciones incluirán colisiones entre ellas. A medida que las velocidades de cizalladura aumentan, el número y las intensidades de las colisiones crecen y las viscosidades aparentes medidas también crecerán.

El comportamiento dilatante también ocurrirá en las suspensiones floculadas, pero normalmente sólo será visible a velocidades altas de cizalladura donde todos los remanentes de la estructura de gel han sido destruidos y las partículas están viajando como individuos. Entonces, a medida que las velocidades de cizalladura continúan aumentando, las colisiones de partícula a partícula aumentan de nuevo en número e intensidad y las viscosidades aparentes crecen.

Resumen

Los sistemas defloculados se caracterizan por repulsión entre las partículas, viscosidades relativamente bajas, sedimentación, la ausencia de estructuras de gel y dilatancia. Cuando se requiere fluidez en suspensiones de contenidos extremadamente altos de sólidos, pueden estar presentes niveles altos de defloculación; bajo tales condiciones, todas estas propiedades pueden esperarse.

Capítulo Diez

Dilatancia

Cuando las colisiones entre partículas dominan durante el flujo de una suspensión, ocurre la dilatancia. El comportamiento seudo plástico resulta de la perturbación de las estructuras de gel a medida que las suspensiones se someten a cizalladura. La dilatancia, sin embargo, ocurre cuando las partículas chocan durante la cizalladura.

A diferencia de los comportamientos seudo plásticos que normalmente se acompañan por esfuerzos de cesión, en las reologías dilatantes es común que haya comportamientos con y sin esfuerzos de cesión.

La explicación física de la dilatancia

A medida que los contenidos de sólidos crecen, las partículas se ven forzadas a estar más cerca de las otras. Cuando dichas suspensiones y pastas de contenidos altos de sólidos se someten a cizalla, las partículas interactúan frecuentemente. Las interacciones aumentan desde ser sólo encuentros cercanos, para pasar a ser choques rasantes, y de ahí a colisiones mayores, dependiendo de las propiedades de suspensión y de las velocidades de cizalladura aplicadas. Los encuentros cercanos y choques rasantes entre partículas son normales en las suspensiones y deben esperarse. Cuando los contenidos de sólidos o las velocidades de cizalladura son altas, las intensas colisiones entre partículas pueden ser perjudiciales para las propiedades viscosas de suspensiones.

Considere la figura 10.1 que muestra las filas de esferas estrechamente empaquetadas antes de, durante y después de que se ha aplicado un esfuerzo cortante y las partículas han cambiado de lugar. La figura 10.1A muestra el orden inicial de las esferas empaquetadas. La figura 10.1B muestra el estrato superior cuando se está moviendo sobre el estrato inferior. La figura 10.1C muestra el orden final después de que el estrato superior se ha desplazado una esfera hacia la derecha.

La densidad de empacamientos de los arreglos tridimensionales densos (como es el caso del empaquetamiento hexagonal) de las esferas que se muestran en las figuras 10.1A y 10.1C, es 74.04%. Las estructuras o los arreglos cúbicos simples que se muestran en la figura 10.1B tienen una densidad del 52.36%. La dilatancia existe cuando los arreglos de

Factores de Empaque

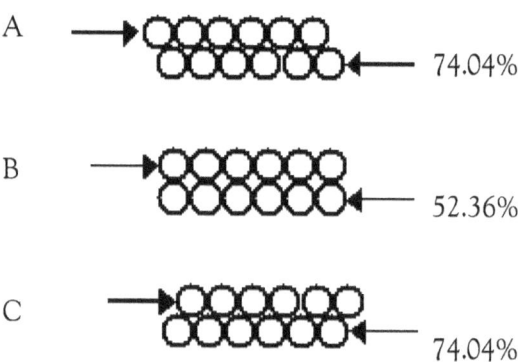

Figura 10.1. Esquemático de la reacción dilatante.

partículas pasan por estructuras menos densas a medida que se someten a cizalladura. Cuando esto ocurre, las partículas se acercan una a la otra, frecuentemente entran contacto entre ellas y la estructura se abre.

En la figura 10.1, esto ocurre a medida que las esferas densamente empaquetadas en (A) pasan a una estructura menos densa en (B) durante la cizalladura para reacomodarse de nuevo en una estructura más densa en (C). La estructura de la figura 10.1B se ha abierto, es decir, se ha *dilatado*, con relación a ambas figuras 10.1A y 10.1C. Cuando se quitan los esfuerzos de cizalladura, las partículas pueden acomodarse de nuevo en un arreglo similar al original, con una densidad de empaque más alta, como en la figura 10.1C.

Cuando un sistema muy denso de partículas en suspensión se somete a cizalladura, las colisiones entre partículas causan que las estructuras locales se abran, se *dilaten* durante las cizalladuras y como consecuencia surge el nombre: *Dilatancia*.

En suspensiones de proceso, las partículas no estarán en contacto una con otro como se muestra en la figura 10.1. Sólo después de que las piezas cerámicas están formadas y los sistemas están secos (o secándose) se esperaría que todas las partículas estén en contacto con otras. En las suspensiones, las partículas que se representaban en las figuras 10.1A y 10.1C se separarían por el fluido, pero todavía se pueden mover localmente alrededor durante las cizalladuras en las que las partículas se tocarán como en la figura 10.1B.

Cuando las velocidades de cizalladura son relativamente bajas y las partículas están separadas por el fluido inter partículas (es decir, cuando cada partícula tiene cierto espacio para moverse alrededor sin estorbar a las otras partículas), es posible que se puedan mover una sobre la otra sin chocar y sin causar la estructura se dilate. Sin embargo, cuando las velocidades de cizalladura aumentan, más y más colisiones ocurren y los comportamientos dilatantes aparecen.

Para demostrar esto, considere un conjunto de circunstancias ligeramente diferentes de las que se explicaron en el ejemplo previo: Una suspensión contiene 60 Vol.% partículas y 40 Vol.% fluido. Las partículas están empacadas en un arreglo de empaquetamiento denso como en la figura 10.1A, pero ciertos fluidos separan todas las partículas. Es decir, ninguna partícula se está tocando con otra. Dado que una estructura de esferas densamente empacadas se acomodan al 74.04% (es decir, con 25.96% porosidad), un 40% en volumen de fluido es demasiado liquido para llenar todo el 25.96% en volumen de poros y queda un exceso del fluido. Entonces, el 14.04% en volumen del fluido en exceso puede separar todas las partículas y poner cierta distancia entre ellas.

En un arreglo perfecto, todas las partículas de este ejemplo a 60% en volumen de sólidos se verán separadas por fluido y ninguna partícula estará en contacto con otra. Cuando esta suspensión se cizalla a velocidades bajas, las partículas se pueden mover pasando una a la otra sin chocar. Ciertas partículas se acercarían más a otras y así algunas otras partículas pueden cambiar más libremente de posiciones durante las cizalladuras. A velocidades de cizalladura más altas, sin embargo, las partículas continuarán moviéndose localmente, pero otras partículas empezarán a chocar. Entonces, a medida que las cizalladuras más altas continúan, más y más partículas chocan y números más grandes de partículas se forzarán en arreglos menos empaquetados (menos densos) como en la figura 10.1B.

El arreglo cúbico simple de la figura 10.1B contiene un 47.64% de poros, que es más que el 40 vol% en volumen de fluido en el ejemplo. Si las cizalladuras fuerzan las partículas en esta suspensión a ordenarse en un arreglo cúbico simple, no habrá fluido suficiente para llenar todos los poros. Dependiendo de la magnitud de la fuerza que está produciendo las velocidades de cizalladura, regiones grandes dentro del la "suspensión" pueden contener arreglos cúbicos simples de partículas. Bajo tales condiciones, muchas partículas en esas regiones se verán forzadas a tocarse unas a otras sin el fluido rodeándoles o llenando los poros adyacentes. Tales arreglos de partículas ya no corresponden a la definición de una "suspension."

Cuando esto ocurre, el sistema se comportará más como un conjunto de partículas mojadas que como una suspensión que está sometida a velocidades bajas de cizalladura. Las viscosidades aparentes serán entonces extremadamente altas (fuera de la escala) y cuando se agitan con altas velocidades de cizalladura y con esfuerzos suficientes, el sistema de partículas de estructuras abiertas (y relativamente secas) puede en realidad rasgarse o desunirse como un sólido débil antes que fluir como una suspensión. Eso es *Dilatancia*.

Principio de dilatancia

Cuando la dilatancia, o la posibilidad de que haya dilatancia, existe en suspensiones de proceso, se debe prestar atención al *punto de inicio o principio de la dilatancia* ("Onset of dilatancy," en Inglés). Esto es, la velocidad de cizalladura a la que empiezan las propiedades dilatantes.

La figura 10.2 muestra un reograma de viscosidad contra velocidad de cizalladura en el que se muestra el principio de Dilatancia. El "principio" de la dilatancia ocurre a la velocidad de cizalladura a la que la viscosidad aparente empieza a aumentar. En la figura 10.2, el punto de inicio de la dilatancia ocurre alrededor de $150s^{-1}$. Note que en esta figura, a las velocidades de cizalladura menores que el "principio", el reograma muestra una suspensión seudo plástica y a las velocidades de cizalladura mayores que este valor, el reograma muestra una suspensión dilatante.

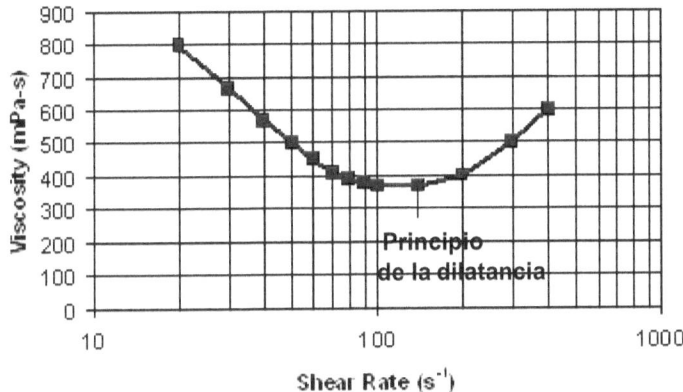

Figura 10.2 Principio de la dilatancia

Hay dos aspectos importantes al comienzo de la dilatancia. En primer lugar, **se debe estar familiarizado con las suspensiones que se usan en los procesos** para saber en qué punto cada una de ellas empieza a mostrar dilatancia; es decir, se deben medir los reogramas de las suspensiones del proceso para caracterizar las velocidades de cizalladura a las que ocurre el principio de dilatancia en cada una. En segundo lugar, **se debe estar familiarizado con el proceso en si** para saber la magnitud de las velocidades de cizalladura que se impondrán en las suspensiones en cada paso del proceso.

¿A qué velocidad de cizalladura comienza cada suspensión a exhibir dilatancia? ¿Cuál es la velocidad de cizalladura más alta aplicada a cada suspensión y dónde ocurre exactamente en el proceso? Es necesario encontrar esas respuestas. Con estas respuestas, se puede predeterminar si la dilatancia será un problema en los sistemas de un proceso.

Muchos reogramas muestran simplemente un comportamiento seudo plástico sin el principio de dilatancia como se representa en la figura 10.3. Cuando la viscosidad aparente se acerca a los valores bajos como en esta figura, la viscosidad mínima debe estar cercana. Si el reograma en la figura 10.3 cubre todo el rango completo de las velocidades de cizalladura típicas del proceso, la dilatancia no debe ser un

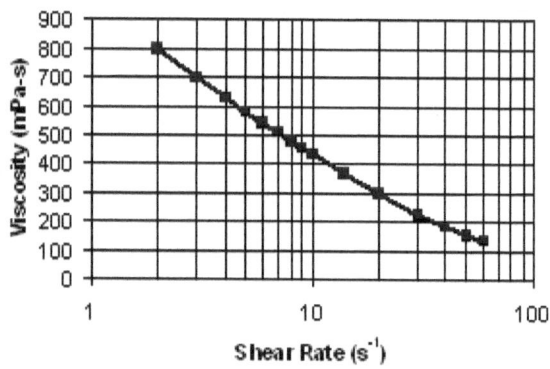

Figura 10.3 Reograma de reología seudo plástica típica

problema para esta suspensión en este proceso. Si el reograma en figura 10.3 no cubre el rango completo de las velocidades de cizalladura del proceso, la dilatancia puede ser un problema cuando las velocidades de cizalladura del proceso exceden el valor máximo medido, que en este caso es ~60s^{-1}.

Muchos viscosímetros rotatorios comunes están limitados a medir velocidades relativamente bajas de cizalladura. Si sus reogramas muestran cualquier comportamiento dilatante, se puede esperar que la dilatancia sea un problema durante el proceso.

¿Dónde se debe vigilar la dilatancia?

Cuando las suspensiones son dilatantes, las velocidades de cizalladura de los procesos **deben** permanecer bajas. Es preferible que las suspensiones nunca jamás entren en el régimen dilatante, que ocurre cuando las velocidades de cizalladura exceden la velocidad de cizalladura del principio de la dilatancia. El principio de la dilatancia, sin embargo, es una función de los contenidos de sólidos, la distribución de tamaño de las partículas del polvo, y el tipo y concentración de los químicos aditivos. Todo eso puede ajustarse.

A mayores los contenidos de sólidos, a mayores las concentraciones de los aditivos defloculantes y a mayores las velocidades de cizalladura aplicadas, es mucho más probable que un sistema entre en el régimen dilatante y cause problemas del proceso.

Dos de estos tres factores, los contenidos de sólidos y la concentración de aditivos, son los factores de la suspensión. Si una suspensión se ha ajustado y se ha enviado a la fábrica, el único factor que queda por ajustar es la velocidad de cizalladura. Si la suspensión del proceso es dilatante bajo tales circunstancias, uno debe asegurarse de que las velocidades de cizalladura aplicadas permanecen **bajas**.

¿Dónde están los procesos con velocidades altas de cizalladura al que se someten las suspensiones dilatantes? El bombeo, las operaciones de formación y ciertas operaciones de acabado pueden producir condiciones de alta cizalladura. La atomización es una operación de cizalladura extremadamente alta. El moldeo por inyección puede ser una operación de cizalladura alta. El flujo en tuberías y la extrusión son normalmente operaciones de cizalladura baja a media, pero el flujo a través de boquillas y el paso a través de boquillas y de moldes de extrusión puede producir una cizalladura alta.

Cuando las suspensiones son dilatantes, se **debe** prestar atención a los resultados producidos por las operaciones de cizalladura alta. Cuando se requiera, se deben reducir las tasas de procesamiento de manera tal que las operaciones de alta cizalladura se reduzcan y se conviertan en operaciones de baja cizalladura. Si eso no es posible, las suspensiones o pastas formación, se deben ajustar para reducir su carácter dilatante.

¿Se puede eliminar la dilatancia?

Dado que la dilatancia es el resultado de las colisiones de partículas, todos los sistemas que contienen las partículas que fluyen pueden ser dilatantes si se someten a una cizalladura lo suficientemente alta para que cause la colisión de dichas partículas. Parece entonces que todas las suspensiones entrarán a una región de dilatancia si se cizallan a velocidades bastante altas. Para eliminar completamente la dilatancia, se deben eliminar todas las colisiones entre partículas. La mejor vía para lograrlo es quitar todas las partículas, pero en los sistemas de proceso cerámico, obviamente eso no es posible.

Afortunadamente, la mayoría de los sistemas con contenidos extremadamente altos de sólidos no se ponen a funcionar a velocidades de cizalladura altas (la extrusión, por ejemplo) y la mayoría de las operaciones que funcionan con velocidades extremadamente altas de cizalladura (tal como en los secadores por atomización o atomizadores) se operan a viscosidades bajas usando suspensiones de contenidos bajos de sólidos. En ambos ejemplos, la dilatancia podría ser un problema principal, pero normalmente no lo es.

Ciertos procesos se operan a contenidos extremadamente altos de sólidos y otros a las velocidades extremadamente altas de cizalladura. Las pastas para formación y las suspensiones que se usan en dichos procesos, pueden entrar fácilmente al régimen dilatante por variaciones aleatorias en la distribución de tamaño de las partículas que ocurren de un día a otro. Esto no sucede a menudo, pero puede pasar y a veces sucede.

Para *minimizar* los efectos de dilatancia (nótese que no dice **eliminar** la dilatancia), se debe considerar cómo reducir las interacciones entre partículas. Ciertas respuestas obvias son disminuir los contenidos de sólidos, disminuir las velocidades de cizalladura, y/o aumentar el nivel de la floculación de las suspensiones. Dado que la adición de agentes de floculación causa un aumento en las viscosidades, puede ser necesario disminuir los contenidos de sólidos al mismo tiempo que se añaden dichos floculantes.

Por una variedad de razones, muchos ceramistas intentan establecer los contenidos de sólidos a los máximos valores posibles, que invariablemente también requieren adiciones de defloculantes. Ambos ajustes (contenidos de sólidos más altos y concentraciones de defloculantes más altas) disminuyen el valor de la velocidad de cizalladura del principio de dilatancia.

Considere las reogramas que se muestran en la figura 10.4. Cuando la suspensión (A) se deflocula para producir suspensión (B), o se diluye para producir la suspensión (C), las viscosidades resultantes de ambas suspensiones disminuyen, pero la defloculación trae el principio de la dilatancia a velocidades de cizalladura inferiores y la dilución desplaza el principio de la dilatancia a velocidades de cizalladura más altas.

Los efectos contrarios también se muestran en la misma figura. Cuando la suspensión (B) se flocula para lograr la suspensión (A) (que

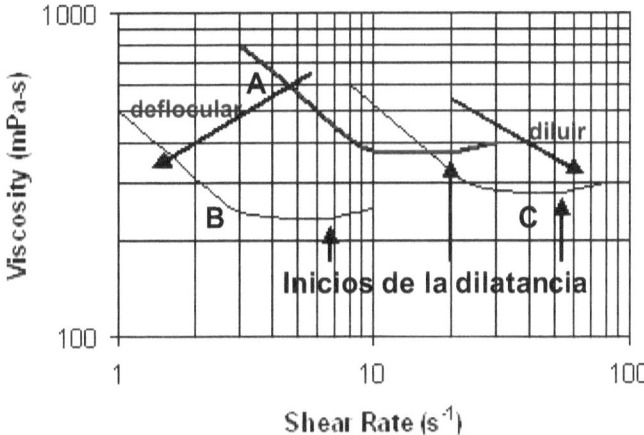

Figura 10.4. Los efectos de la dilución y la defloculación.

entonces sigue la dirección opuesta de la flecha llamada *deflocular*), no sólo crece la viscosidad, sino también el principio de la dilatancia, que se mueve a velocidades mayores de cizalladura. Cuando el contenido de sólidos de una suspensión (C) es aumenta para lograr la suspensión (A) (siguiendo la dirección contraria a la de la flecha llamada *diluir*), la viscosidad también crece pero el principio de la dilatancia se mueve hacia velocidades menores de cizalladura.

Uno puede ajustar los contenidos de sólidos y la química por separado o individualmente, pero frecuentemente se ajustan al mismo tiempo. Si la viscosidad aparente de una suspensión es buena, *pero el contenido de sólidos es demasiado alto*, tipicamente la suspensión será diluida (y por tanto reduciendo la viscosidad aparente) para ajustar los contenidos de sólidos a su valor de objetivo y será floculada para devolver la suspensión a su viscosidad aparente original. Si la viscosidad aparente de la suspensión es la correcta, *pero el contenido de sólidos es demasiado bajo*, éste se puede aumentar a su nivel deseado (y por lo tanto se aumenta la viscosidad aparente) y luego se añade defloculante para devolver la viscosided aparente hacia abajo, al valor objectivo.

Note que en estos ejemplos que cada *par* de ajustes mueve el inicio de la dilatancia en la misma dirección. En el primer caso, la *dilución* y *floculación* mueven el principio de la dilatancia hacia velocidades más altas de cizalladura. En el caso segundo, el *aumento* de los contenidos de sólidos y la *defloculación* mueven el punto de inicio de la dilatancia a velocidades menores de cizalladura.

Los contenidos de sólidos y los ajustes de aditivos químicos son excelentes vías para cambiar las viscosidades aparentes de suspensiones; sin embargo, cuando se usan estas técnicas de ajuste, se debe ser consciente además de los cambios de las viscosidades aparentes. Cada uno de estos ajustes afecta la velocidad de cizalladura a la que aparecen las propiedades dilatantes. Cuando se usan en conjunto (como en estos ejemplos) para cancelar mutuamente los efectos de cado uno en la viscosidad aparente, no se cancela el mutuo efecto en el principio de la dilatancia.

¿Puede ser beneficiosa la dilatancia?

El autor ha encontrado personas que creen la dilatancia en sus pastas para formación beneficia sus procesos. En opinión del autor, muy pocos procesos, si es que existe alguno, se beneficia del uso de pastas dilatatantes para formación.

Los únicos puntos en los que una dilatancia suave parece ser benéfica son durante la molienda y durante las operaciones de dispersión de alta intensidad. Note que el adjetivo que se usa para describir tal dilatancia **no** es *extrema*, sino *suave.*

Los sistemas de dispersión de alta intensidad (DAI) y las operaciones de molienda se diseñan para la desaglomeración y para moler sistemas de aglomerados y partículas grandes. En tales sistemas, la dilatancia suave puede mejorar las colisiones entre partículas, lo que puede a su vez mejorar las operaciones de molienda y desaglomeración.

Nuestra experiencia con la dispersión de alta intensidad sugiere que sólo trabaja correctamente a contenidos suficientemente altos de sólidos donde las colisiones entre partículas son frecuentes. Lo mismo es cierto para las operaciones de molienda. Los contenidos bajos de sólidos en cualquier operación hacen improbable que las partículas se impacten por los dientes en las aspas del dispersor de alta intensidad (DAI) o por los medios moledores. La dilatancia extrema en uno u otro caso será perjudicial. Las viscosidades serán demasiado altas y así, las operaciones de mezclado y molienda se entorpecen.

Una vez el autor vio en un laboratorio como se mezclaban pastas extremadamente dilatantes en un mezclador portátil de cemento. Estas pastas eran tan dilatantes que bajo la influencia de la gravedad en la superficie inclinada, fluían hacia abajo pero muy lentamente. Cuando la cámara de mezclado giró, la bola de la pasta en el fondo ligeramente inclinado de la cámara fluía tan lentamente debido a la dilatancia que sólo sus superficies exteriores apenas tocaban las paletas del mezclador. Antes de que las palas pudieran cortar la pasta y producir algún tipo de mezcla, la rotación de la cámara del mezclador elevó la pasta a la posición más alta de su rotación y las pasta fluyó alejándose lentamente de las paletas.

La receta se especificaba para "30 minutos de mezcla", así las cosas, estas pastas giraban en el fondo de la mezcladora y las palas del mezclador impactaban las superficies durante los 30 minutos pero en realidad ninguna mezcla ocurría. Las pastas no estaban mejor mezcladas después de 30 minutos que lo que estaban cuando llegaron a la mezcladora. Cuando el autor sugirió que necesitaban disminuir las rpm de la máquina, le respondieron que las mezcladoras sólo corrían a una velocidad. Las rpm de estas mezcladoras podrían haberse reducido cambiando los diámetros de poleas o las rpm del motor.

Es dudoso que los resultados de estos experimentos tuvieran algún sentido porque los niveles de mezcla que se lograron eran inversamente proporcionales a la magnitud de la dilatancia exhibida por las pastas de prueba. Debido a que todas estas pastas eran extremadamente dilatantes, difícilmente ocurría alguna mezcla en ellas. Todas las pruebas en esta serie se mezclaban durante exactamente los mismos periodos del tiempo, asumiendo que cada una de esas muestras estaba bien mezclada y a un nivel igual para todas y constante. Los niveles reales de mezcla logrados dependían de la naturaleza y duración de los procedimientos empleados antes de que las muestras se pusieran en el "mezclador", pero la naturaleza y duración de dichos procedimientos no estaban medidas. La dilatancia extrema en esta serie de pruebas por supuesto **no** era beneficiosa.

Resumen

La dilatancia resulta de las colisiones entre partículas durante el flujo de las suspensiones. La única manera para reducir la dilatancia cuando la misma ocurre, es hacer cambios que reduzcan la magnitud y número de colisiones. Las velocidades de cizalladura se pueden reducir, las distribuciones de tamaño de las partículas se pueden cambiar, los contenidos de humedad se pueden aumentar, y el nivel de la floculación de las suspensiones se puede aumentar. Todos estos cambios ayudan para reducir las propiedades dilatantes.

Cuando las propiedades dilatantes aparecen pastas que todavía están en los sistemas de preparación de pasta (antes de que se envíen al proceso), las suspensiones se pueden modificar y ajustar para reducir las propiedades dilatantes.

Sin embargo, cuando las suspensiones dilatante ya se han enviado al proceso donde deben usarse, la única solución es reducir las velocidades de cizalladura del proceso. En otros términos: ¡¡**REDUZCA LA VELOCIDAD!!**

Capítulo Once

Sinéresis

Hay dos fenómenos que pueden causar problemas mayores en los sistemas de procesamiento cerámico. Uno de ellos es la *sinéresis*, que ocurre a los niveles extremadamente altos de floculación. El otro es la *dilatancia* extrema, que produce obstrucciones a velocidades altas de cizalladura o a niveles altos de defloculación. La sinéresis es un problema químico; la dilatancia es un problema físico. La dilatancia se cubrió en el capítulo anterior y la sinéresis se cubrirá en este capítulo. Las obstrucciones dilatantes se verán en el capítulo próximo.

Sinéresis en una suspensión

La *sinéresis* es la densificación extrema de una estructura de gel acompañada por la expulsión del fluido desde adentro de la estructura. Ocurre cuando las pastas o suspensiones están en estados de sobre-floculación severos. Cuando se flocula una pasta, se forma una estructura de gel, tal como se muestra en la figura 11.1.

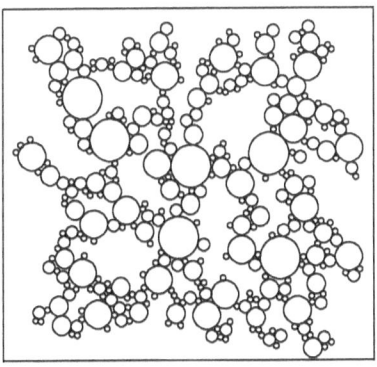

Figura 11.1. Estructura normal y floculada de gel

129

La sinéresis ocurre cuando las fuerzas atractivas dentro la estructura de gel son fuertes. Después de que la estructura de gel se ha formado completamente, como se muestra en la figura 11.1, las fuerzas atractivas fuertes continúan densificando la estructura y expulsando el fluido.

Cuando ocurre la sinéresis en una suspensión, la estructura de gel se forma rápidamente y a medida que se densifica, el gel parece asentarse, un fluido sobrenadante transparente sale expulsado de la estructura, se forman rajas a través de tal estructura y más fluido se expele a través de esas rajas hacia el sobrenadante.

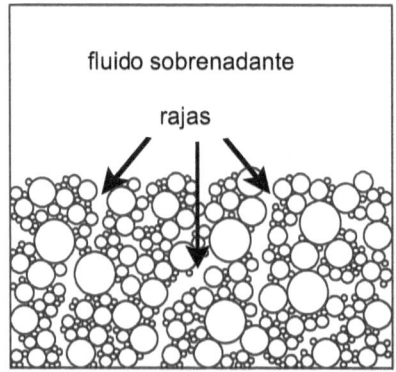

Figura 11.2. Estructura sinerética.

La figura 11.2 muestra la estructura de la figura 11.1 después de que ha sido densificada por sinéresis. La figura 11.2 muestra que la estructura de gel se ha posado al fondo del envase, se ha densificado, ha expulsado sobrenadante y ha desarrollado canales largos (llenos con fluido transparente) que aparecen como rajas superficiales en el gel denso. Las rajas que aparecen en la superficie normalmente se extienden bien hacia adentro de la estructura. Otras rajas se pueden formar dentro de la estructura sin extenderse hacia la superficie. Las rajas en un gel sinerético son características de la sinéresis.

La sinéresis en una pasta plástica

La sinéresis no se limita a las suspensiones, sino que ocurre también en las pastas para formación plástica. Las explicaciones y las figuras son las mismas, la única diferencia es que las pastas para formación plástica empiezan a contenidos de sólidos más altos que las suspensiones y por lo tanto, son estructuras más densas que las que se encuentran en las suspensiones sineréticas.

Cuando las pastas para formación plástica son sineréticas, el signo indicador será la formación de rajas a lo largo de la pasta. Hay un buen número de razones del porqué se pueden formar rajas en una pasta cerámica para formación y la sinéresis es sólo una de ellas, pero cuando las rajas forman en una pasta en reposo antes de que comience a secarse, la sinéresis es la causa probable.

Las pastas ajustadas de manera inapropiada pueden agrietarse debido a la dilatancia durante operaciones de formación. Pero cuando ocurre la sinéresis, las propiedades de la formación normalmente serán bastante buenas. Las pastas floculadas (aún pastas demasiado floculadas) típicamente son seudo plásticas y se cizallarán y fluirán muy bien durante las operaciones de formación. Después de que las piezas están formadas y no estén siendo cizalladas o manipuladas, la sinéresis causará entonces que aparezcan las grietas.

Por ejemplo, después de una operación de filtro prensa en una compañía de cerámica blanca, las galletas de la filtro prensa se apilaban en una carreta para moverse a la estación próxima. Se formaban entonces grandes rajas en la pila de galletas y se desprendían trozos de gran tamaño de las mismas galletas que caían a los lados de la carreta. La sinéresis era la causa.

Más tarde, estas mismas tartas de filtro prensa se sometían al proceso de extrusión con vacío. Las grandes columnas cilíndricas extruídas fluían muy bien hacia afuera de la boquilla del extrusor, pero a medida que se alejaban de ella, de nuevo se formaban las rajas. Las rajas continuaban formándose y se expandían aun después de que las columnas extruídas se cortaban a la longitud correcta y se acumulaban en una estiba.

Si uno trata de usar dichas pastas para formación en estado plástico, las piezas se formarán bien, pero luego aparecerán las rajas.

Cuando ocurre la sinéresis, las pastas se deben ajustar químicamente para lograr estados de menor floculación. La solución de corto plazo, por supuesto cuando es posible, es reparar las rajas. La solución a largo plazo, sin embargo, es ajustar la pasta.

Evidencia de la sinéresis

Una simple prueba de gelificación con un viscosímetro rotatorio puede mostrar señales de sinéresis. La figura 11.3 muestra dos perfiles típicos de gelificación construidos durante veinte minutos, que se pueden hacer con un viscosímetro rotatorio a velocidad de cizalladura fija. En esta figura, una curva de gelificación exhibe sinéresis, mientras la otra curva de gelificación no la exhibe.

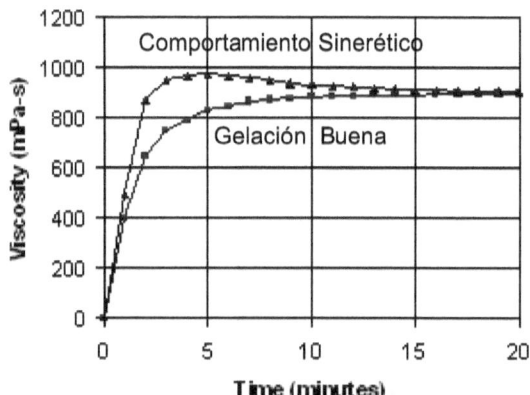

Figura 11.3. Buen comportamiento de gelificación versus comportamiento con sinéresis

La suspensión que **no** muestra sinéresis tiene un comportamiento de gelificación excelente considerando que la viscosidad aparente aumenta rápidamente (inicialmente) y posteriormente aumenta más lentamente con el tiempo hasta el límite de la viscosidad final. La suspensión sinerética también muestra un comportamiento de gelificación excelente a medida que la viscosidad aparente crece rápidamente hacia la viscosidad final, pero su viscosidad rápidamente excede la viscosidad final y entonces, con tiempo y condiciones de cizalladura fijas, la viscosidad disminuye lentamente hacia los valores límite.

Note la diferencia entre los dos casos. La sinéresis produce viscosidades aparentes, con condiciones de medición de bajas velocidades de cizalladura, que exceden rápidamente el valor límite y entonces **disminuyen** con el tiempo hacia el valor correcto. Las suspensiones no-sineréticas floculadas exhiben viscosidades aparentes, en condiciones de medición con velocidades de cizalladura bajas, que **crecen** con el tiempo hacia los valores límite a medida que los procesos de gelificación construyen la estructura.

Las excelentes propiedades de gel se ven claramente cuando las viscosidades aparentes crecen inicial y rápidamente hacia los valores de especificación y luego continúan aumentando más lentamente para acercarse al límite con el tiempo. Las propiedades de gel también son excelentes, pero demasiado fuertes y sineréticas, cuando las viscosidades aparentes rápidamente exceden el valor límite y entonces regresan hacia éste con el tiempo.

La causa

Niveles extremos de floculación, intencionales o no, causan sinéresis. La presencia de concentraciones altas de cationes floculantes, tales como Ca^{++}, Mg^{++} y Al^{+++}, pueden producir condiciones sineréticas.

Concentraciones altas de iones floculantes pueden ser el resultado de ajustes rutinarios de las barbotinas por parte de los ingenieros de proceso. Las concentraciones altas de tales iones pueden también deberse a la selección de minerales usados en una pasta, el uso de agua dura, o a la adherencia estricta a una formulación fija de pasta.

La adherencia estricta a una receta de pasta

La adherencia estricta a una receta de pasta es basa normalmente en la suposición de que las propiedades minerales **no** se varián de un día a otro. Cuando los provedores de materiales despachan materiales perfectamente consistentes con propiedades perfectamente fijas, las recetas fijas de pasta **producirán** propiedades diarias fijas de pasta. Pero las propiedades minerales, no importa que tan ajustados sean los controles, siempre varían así sea ligeramente y por lo tanto las recetas fijas de pasta siempre producirán pastas con propiedades que fluctúan diariamente.

La preparación diaria de lotes que siempre se adhieren estrictamente a la misma receta de pasta, pueden causar que los contenidos de iones en los lotes fluctúen en amplios rangos. En los días en los que los iones floculantes llegan a concentraciones altas, puede ocurrir sinéresis.

Ajustes rutinarios de suspensiones

Un PO (procedimiento normal de operación – en Inglés, "Standard Operating Procedure – SOP"), que requiere la adición de agentes de floculación hasta que se logran ciertas viscosidades, también puede producir sinéresis. La física de partículas y las variaciones de contenidos de sólidos durante el proceso ocasionalmente pueden producir barbotinas con bajas viscosidades. Cuando se requieren niveles excesivos de agentes floculantes para alcanzar las viscosidades objetivo del proceso, puede ocurrir la sinéresis.

También es posible que tantos iones estén presentes en los fluidos inter partículas que las conductividades de fluido sean altas y la efectividad de las adiciones se vea reducida. En tales casos, se pueden requerir concentraciones excesivas de floculantes para lograr (o sólo acercarse) las propiedades deseadas de la pasta. De nuevo, en esas circunstancias, puede ocurrir la sinéresis.

Selección de minerales

Ciertos minerales son insolubles en el agua, algunos son solubles y algunos son parcialmente solubles. Los minerales parcialmente solubles pueden causar la sinéresis a medida que las suspensiones se añejan.

Por ejemplo, considere la dolomita, que es el carbonato de magnesio y calcio. La dolomita es ligeramente soluble. Con dolomita en una pasta, los iones de calcio y de magnesio (iones de floculación) se disuelven lentamente y entran en el fluido portador. En las suspensiones, estos iones de floculación tienen la tendencia a entrar y quedar atados en las estructuras de gel. A medida que ellos quedan atrapados, más iones continúan disolviéndose lentamente y se vuelve a restablecer el suministro de tales iones en el fluido portador.

La dolomita es una fuente de superabundancia potencial de los iones floculantes de magnesio y calcio en suspensiones y pastas para formación. Por la misma razón, la dolomita es una causa potencial de la sinéresis.

¿Por qué se usa un mineral particular en una pasta? Hay muchas buenas razones para usar cada mineral en las pastas de producción cerámica, pero dado que la mayor parte de las pastas cerámicas son suspensiones acuosas, los minerales parcialmente solubles pueden ser una fuente de iones molestos; esto se debe considerar cuando se escogen los minerales como ingredientes de una pasta.

La solución

Cuando ocurre la sinéresis, los niveles de la floculación deben reducirse. Agentes quelantes y/o defloculantes deben añadirse para ajustar las pastas o suspensiones hacia estados menos floculados. Cada fuente potencial de minerales que contengan iones de floculación debe examinarse para determinar si se puede usar un mineral alternativo para resolver o reducir el problema. Cuando se identifica a la disolución lenta de los cationes de floculación de ciertos minerales como el problema, los agentes quelantes pueden quitar esos iones, pero el añejamiento puede causar que las suspensiones se saturen de nuevo.

La sinéresis no responde a cambios de proceso. Dado que su causa es la química inadecuada, se debe resolver por ajustes a la **química** de la pasta. Ciertos problemas pueden desaparecer después de hacer cambias de **proceso**, pero la sinéresis **no** es uno de ellos.

Resumen

El punto importante para recordar concerniente a la **sinéresis** es que **es un problema químico**. Debido a que la sinéresis es un problema químico, la solución de largo plazo debe ser un ajuste químico.

La sinéresis se produce por concentraciones excesivamente altas de iones floculantes u otras adiciones químicas de floculación que causan que las pastas y suspensiones se floculen fuertemente.

La floculación y la gelificación ocurren rápidamente en las suspensiones sineréticas. Los aditivos concentrados mueven la estructura de gel hacia estados uniformes más densos. Cuando ocurre la sinéresis, un fluido transparente inter partícula se expulsa de la estructura.

Las barbotinas y pastas sineréticas en reposo parecerán estar sedimentadas, rajadas, y cubiertas con fluido sobrenadante transparente. Las pastas sineréticas de formación en estado plástico, tendrán propiedades excelentes de reología, pero después de que los procesos de formación están completos, la sinéresis densificará más la pasta, expulsará parte del fluido portador y producirá las rajas características.

Capítulo Doce

Obstrucciones dilatantes

Como hemos discutido en capítulos previos, la causa de la dilatancia es las colisiones de partículas. Bajo circunstancias extremas, las partículas no sólo chocan, sino que las estructuras que se empiezan a formar pueden bloquear los canales de flujo. Este tipo de estructuras se conocen como las *obstrucciones dilatantes*. Son compuestos congestionados de partículas que se han ligado mecánicamente.

Los obstrucciones dilatantes no se causan ni pueden resolverse por la química. Sin duda las concentraciones altas de defloculantes pueden exacerbar las propiedades dilatantes y aumentar la probabilidad de que occuran obstrucciones dilatantes. Las obstrucciones dilatantes se forman cuando las partículas se ven forzadas en estructuras mecánicamente ligadas. Sólo con fuerzas mecánicas de dispersión se pueden redispersar las partículas en tales obstrucciones.

La sineresis, que se discutió en el capítulo previo, es un problema de química. La dilatancia y las obstrucciones dilatantes son problemas mecánicos.

La formación de una obstrucción dilatante

Cuando las colisiones entre partículas se vuelven extremadamente intensas, pueden causar la formación de obstrucciones dilatantes. Cuando la dilatancia extrema caracteriza una suspensión, las estructuras de partículas en contacto se pueden formar y crecer hasta el punto donde la estructura dilatante cubre el área de la sección transversal completa de los canales de flujo. Cuando esto sucede, el flujo se detiene y las viscosidades no son medibles porque las obstrucciones dilatantes no tienen viscosidades.

Una obstrucción dilatante se caracteriza por partículas que están mecánicamente encajadas en una posición, una contra la otra. Cuando una obstrucción dilatante cubre el área de la seccion transversal completa de un canal, el flujo para. Cuando una obstrucción dilatante llena únicamente una parte de un canal de flujo, el flujo disminuye proporcionalmente con la disminución del área disponible de la sección transversal del canal. Cuando ocurre una obstrucción dilatante completa, las presiones aumentan y esfuerzos más altos detrás de la obstrucción compactan más las partículas y fortalecen la obstrucción.

Alguno podría pensar que la eliminación de todos los esfuerzos cortantes permitirá que se disipen tales obstrucciones; sin embargo, quitar o relajar el esfuerzo detrás de una obstrucción, **no** es garantía que se dispersen fácilmente.

Normalmente se requiere de la dispersión mecánica para dispersar partículas atrapadas en los obstrucciones dilatantes. Esto podría ocurrir cuando un canal sólo está parcialmente bloqueado. Las partículas en la corriente de flujo pueden impactar otras partículas en las superficies exteriores de la obstrucción, desalojarlas y efectivamente dispersarlas; sin embargo para que esto suceda, en primer lugar, las condiciones intensas que causan la obstrucción deben haber sido eliminadas. Las condiciones locales deben favorecer el flujo continuo de la suspensión en vez de favorecer la acumulación progresiva de alguna otra obstrucción. Entonces, y sólo entonces, es posible que las partículas que fluyen **puedan** separarse y dispersar las obstrucciones parciales. Realmente, la posibilidad de que esto ocurra es remota o nula.

Normalmente ocurre uno de dos fenómenos cuando una obstrucción dilatante se ha formado: (1) la presión se intensifica detrás de ella y la obstrucción se ve empujada hacia adelante; el fenómeno se acompaña por abrasión severa donde los filos exteriores resbalan contra las paredes del canal de flujo; o (2) todo el flujo cesa y las presiones y esfuerzos se intensifican detrás de la obsstrucción hasta que algo se rompe.

Una obstrucción dilatante es una tarta o galleta de filtro-prensa

Una representación simple de una obstrucción dilatante es considerarla como una galleta de filtro prensa que ocupa y bloquea un canal de flujo en un proceso. Dado que no se encuentran telas de filtro en ningún punto de en un canal de flujo, las galletas de filtro prensa no deben estar presentes, sin embargo se pueden formar obstrucciones que actúan como las telas de un filtro cuando las partículas interactúan y se enredan una con otra debido a la dilatancia. Cuando una obstrucción de partículas forma un puente a través de un canal de flujo, actúa entonces como un filtro de tela en la vía del flujo de la suspensión a lo largo del canal de flujo.

Después de que se ha formado una obstricción completa y las estructuras de la tarta crecen, el fluido se puede forzado a través de los poros de la obstrucción y los contenidos de sólidos dentro del pastel pueden incrementarse a valores mucho mayores que los contenidos de sólidos de la suspensión.

La estructura inicial de la obstrucción dilatante tipicamente será bastante porosa porque la dilatancia produce las estructuras relativamente abiertas, pero después de que la obstrucción se ha formado, las velocidades de cizalladura detrás de ella disminuyen dramáticamente y la suspensión puede filtroprensarse densamente contra la obstrucción; por esta razón, una tarta de filtro prensa es una representación excelente de una obstrucción dilatante. La propia obstrucción substituye a la tela del filtro y toda la suspensión que le sigue forma la tarta o galleta. Dependiendo de cuánto tiempo toma detectar una obstrucción, secciones enteras del tubo o del canal de flujo pueden llenarse con esa "galleta de filtro prensa."

Con esta figura simple de una obstrucción dilatante, se puede preguntar: ¿Qué tan fácil es dispersar tal obstrucción o tarta en un tubo? ... ¿Qué tan fácil es dispersar una verdadera torta de filtro prensa sin usar un agitador de alta velocidad? Después de que una obstrucción dilatante se ha formado, simplemente **no se** dispersa fácilmente, especialmente si está localizada en un canal de flujo donde no hay ningun agitador que peuda ayudar. Sin algún flujo, tal como cuando la obstrucción es completa y el canal está lleno con la galleta de filtro prensa, efectivamente es imposible de dispersar. Cuando eso le ocurra, quite el tubo atascado, bótelo y reemplácelo con una nueva sección de tubo.

Dos ejemplos

Un ejemplo de una obstrucción dilatante que ocurrió en una operación de nodulizaciòn o peletización donde el objetivo era nodulizar una suspensión de contenidos altas de sólidos que era esencialmente de arena de la playa. La arena y el agua formaron una suspensión de pasta extremadamente dilatante. En este proceso, la suspensión se debía extruir a través de una boquilla peletizadora de acerpo templado de ¾ de pulgada de grueso que tenía muchos canales circulares para producir las pelotillas. La extrusora era bastante grande para forzar esta "suspensión" por la placa de la boquilla. Las obstrucciones que se formaban se empujaban completamente a través de los canales por las presiones altas de extrusión, rayando las paredes del canal a medida que resbalaban a largo del mismo. El centro de la placa de la boquilla desaparecía debido a la abrasión severa en los primeros 45 minutos de la prueba.

La mecánica de fluidos enseña que el fluido en contacto con la pared de un tubo se queda estacionario con el tubo. Eso puede ser cierto y exacto para un fluido simple, pero no es exacto cuando se aplica al flujo de las suspensiónes. El fluido en contacto con la pared puede permanecer estacionario con el tubo (consistente con la teoría), pero partículas en contacto con la pared **no** necesariamente lo harán. En el ejemplo de la peletización, las partículas se empujaban a lo largo de pared raspando y rayendo el dado de acero templado hasta que se arruinó — y eso ocurrió bastante rápido.

Con respecto a las partículas en las suspensiones, el profesor Funk de la Universidad de Alfred, dijo durante muchos años que si el estrato de las partículas adyacentes a las paredes de los dados y boquillas de extrusión permaneciera estacionario en tales boquillas, éstas se oxidarían. Pero no se oxidan – se pulen! Esto muestra que las partículas en contacto con la pared se mueven con respecto a ella.

Otro ejemplo, que viene también del profesor Funk, se trataba de obstrucciones dilatantes en los dados o boquillas de extrusión. Él experimentó una obstrucción dilatante en el dado de un extrusor grande de producción. Después de que la obstrucción se había formado, las presiones se elevaron hasta que los pernos de soporte de la boquilla (que eran pernos de diámetro relativamente grande) se rompieron y las piezas se dispararon a través de la habitación como la bala de un rifle. Según él, a usted no le hubiera gustado estar cerdca del extrusor cuando eso sucedió.

Las obstrucciónes dilatantes pueden ser peligrosas como en el ejemplo anterior. En otros entornos de proceso, las obstrucciones dilatantes pueden que no sean peligrosas para las personas, pero pueden dañar fácilmente piezas delicadas y causar problemas mayores que impiden el éxito en la producción.

Cómo lidiar con obstrucciones dilatantes

La solución inmediata a la formación de una obstrucción dilatante es parar el proceso y limpiar el canal a fondo. Frecuentemente, "limpiar a fondo el canal" significa quitar la sección bloqueada del tubo o canal y reemplazarlo con una nueva pieza de tubo o canal.

Si el canal viejo es reemplaza con un canal idéntico pero nuevo, las condiciones probablemente permanecerán, permitiendo que se forme otra obstrucción que entonces puede arruinar el canal nuevo. Si ha ocurrido una obstrucción dilatante, es una indicación que las condiciones de cizalladuras en el canal son demasiado altas para usarse con esa suspensión. Para reducir las condiciones de cizalladura, el tubo bloqueado se puede reemplazar con un tubo nuevo con un área de seccion transversal más grande; esto reducirá las velocidades locales e las velocidades de cizalladura en el canal de flujo; se reducirá la probabilidad de que se former otra obstrucción y reducirán las oportunidades de que el canal nuevo se arruine rápidamente. Como alternativa, el tubo viejo se puede reemplazar con un nuevo tubo idéntico, pero entonces los índices del flujo y las velocidades de cizalladura deberían (¿deben?) disminuirse para prevenir la formación de otra obstrucción.

Las soluciones de largo plazo para las obstrucciones dilatantes son modificar la distribución de tamaño de las partículas de la pasta, añadir más fluido reduciendo los contenidos de sólidos de la pasta, cambiar el tipo o la concentración de aditivos, o hacer una combinación de todos los anteriores. Todas las transformaciones semejantes ayudan a prevenir más obstrucciones reduciendo la frecuencia e intensidad de las interacciones entre las partículas de manera que se reduzca la tendencia de una pasta a ser extremadamente dilatante.

Si una estructura dilatante se está formando, pero no ha llenado completamente el canal de flujo, la reducción de la tasa de flujo de la suspensión en esa sección del tubo puede ayudar a que la estructura se disipe poco a poco, a medida que la suspensión fluye lentamente a través de la estructura y causa abrasión en ella. Esta condición se discutió atrás. No existe desde luego ninguna garantía de que esta transformación quitará con buen resultado una obstrucción parcial, pero definitivamente retrasará los índices de flujo de proceso.

Detectar la formación de una obstrucción en una sistema de tubería o de canales, es un desafío extremadamente difícil. En tales sistemas, puede que no aparezca ni la evidencia más pequeña hasta que el canal está completamente bloqueado. Las obstrucciones se detectan más fácilmente en sistemas de extrusión o de moldeando por inyección. Cavidades de boquillas o dados de extrusión que aparecen parcialmente vacías, o canales huecos y vacíos indeseados en las columnas extruidas, indican la formación de tales obstrucciones.

Despúes de que una obstrucción dilatante ha crecido y llenado completamente un canal de flujo, es muy improbable que se pueda desintegrar alguna vez. La presión detrás de tal estructura podría causar que se resbale a lo largo del canal hasta que se libere en una expansión del mismo (lo que sería tener muy buena suerte) o hasta que alcanza un accesorio de la tubería donde llega a encajarse mecánicamente cerrando el tubo.

Una vez tal estructura se ha formado, es demasiado tarde para hacer todas las correcciones. En tales casos, la única solución (la solución común, desafortunadamente) es botar la sección del tubo que contiene la obstrucción y empezar de nuevo.

Cuando ocurren obstrucciónes dilatantes dentro de los canales de suspensión de los procesos cerámicos, uno puede esperar que sean muy fuertes porque las materias primas que se usan son muy resistentes a la compresión. La compresión de una obstrucción dilatante, sin embargo, puede poner otro equipo de proceso en tensión y pueden ocurrir fracturas. Por ejemplo, ciertas boquillas de formación por inyección tienen estructuras internas delicadas que pueden romperse fácilmente cuando ocurren obstrucciones dilatantes. La obstrucción inicial puede simplemente prevenir el flujo hacia las cavidades siguientes, pero la presión que se genera en los puntos antes de la obstrucción puede crecer y finalmente empujar la obstrucción con fuerza suficiente para romper las delicadas estructuras de las boquillas y arruinar las estructuras internas de algunas partes de los moldes de inyección. Tales obstrucciones se pueden formar una y otra vez en la misma ubicación en cada nueva cavidad. En tales situaciones se deben hacer los ajustes de pasta y de proceso.

Un ejemplo simple, no cerámico, de una obstrucción dilatante

Un simulacro de incendio proporciona la situación perfecta para demostrar la formación y disolución de una obstrucción dilatante. Si una alarma de incendio suena durante una clase de una universidad y todos los estudiantes tratan de salir por la puerta del aula al mismo tiempo, ocurrirá una obstrucción dilatante en la puerta. Si veinte estudiantes están atascados en la puerta y el estudiante número 21 está ejerciendo presión en la parte de atrás de la multitud, nadie podrá salir al vestíbulo. Si la presión de los estudiantes es suficiente, cualquier estudiante en el centro del grupo y especialmente los dos estudiantes al frente de la multitud que están en contacto contra los marcos de la puerta, pueden resultar heridos.

El estudiante 21 que empuja a la multitud es realmente quien domina esta situación. Si él o ella retrocede, permitiendo que todos los otros estudiantes puedan retroceder también, la obstrucción puede disiparse y todos pueden salir la habitación de uno en uno (desde frente del grupo hasta la parte posterior) por la puerta. Pero si el estudiante 21 continúa ejerciendo presión en la parte posterior de la multitud, nadie podrá salir de la habitación.

Para resolver este problema, note que es necesario que todos los estudiantes (desde el de atrás hasta el del frente) se relajen y den un paso hacia atrás alejándose de la puerta. Entonces, uno a uno, desde el del frente hasta el de la parte posterior, puede salir por la puerta.

La solución en este ejemplo es relajar la estructura (todos retroceden) y bajar el índice de flujo (y la velocidad de cizalladura) por permitir que una persona a la vez pueda pasar por la entrada. Esto puede ser difícil de hacer en una situación de emergencia tal como en este ejemplo que tiene lugar durante una alarma de incendio. Todos están excitados, tienen prisa y quieren salir de la habitación tan pronto como sea posible, pero la solución es calmarse y salir lentamente de la habitación. Puede ser difícil de hacer bajo dichas circunstancias, pero es la solución correcta.

El mismo caso es frecuentemente cierto en el entorno del proceso. Cuando los ingenieros están tratando de hacer funcionar el proceso a la mayor velocidad posible, el disminuir la velocidad del proceso para prevenir los problemas de dilatancia será difícil de lograr. Las condiciones de producción y sus necesidades casi nunca se clasifican como verdaderas "emergencias" como en este ejemplo, pero los objetivos de producción pueden forzar los procesos a que se operen lo más rápido posible, hasta el punto donde índices y las velocidades de cizalladura pueden llegar a ser demasiado altos para el proceso específico y las suspensiones que se usan en él.

Otro punto diferente al ejemplo del simulacro de incendios del aula de clase, es que cuando las obstrucciones dilatantes ocurren en el flujo de la suspensión, no existe ningún mecanismo fácil que permita que todas las partículas puedan retroceder un paso hacia atrás de la obstrucción.

Partículas encajadas en una estructura dilatante normalmente permanecerán encerradas en la estructura, aún cuando los esfuerzos se quiten. Normalmente los esfuerzos no se remueven: Cuando se forma una obstrucción en un canal de flujo, las presiones se intensifican hasta el máximo valor posible que permita la bomba; cuando los operadores finalmente notan que no hay nada de flujo, entonces y sólo entonces, apagan las bombas y las presiones disminuyen a cero. Normalmente ya es demasiado tarde.

Bajo las condiciones iniciales de presión alta que siguen después de la formación de una obstrucción, las estructuras se densificarán y empacarán más estrechamente. La presión axial en un tubo normalmente causará que la estructura se expanda lateralmente y se apriete más fuertemente en el tubo. Esto sucede por ejemplo en los moldes para prensado en seco. Después de que se ha prensado un agregado cilíndrico seco (pelet) en un molde, es necesario forzarlo para poderlo expulsar del mismo molde por tal razón.

La eliminación de toda la presión detrás de una obstrucción al desconectar la bomba del sistema de bombeo de la suspensión, no cambiará la estructura de la obstrucción aparte de relejar la deformación elástica que se haya causado por las altas presiones.

Las estructuras de las obstrucciones dilatantes son muy similares a las estructuras de los comprimidos formados en algunas operaciones de filtro prensa y de prensado en seco. Las operaciones de prensado en seco y filtro prensa son diseñadas para formar aglomerados o comprimidos fuertes en las formas deseadas. De manera similar, las obstrucciones dilatantes son comprimidos fuertes (pero indeseados) que aparecen y toman las formas de los canales continuos de flujo.

Cómo descubrir las obstrucciones dilatantes en los viscosímetros

Tal como es muy difícil detectar las obstrucciones dilatantes en canales de flujo, es igualmente difícil detectarles en los viscosímetros. Es dudoso que una obstrucción pueda ocurrir alguna vez en un viscosímetro rotatorio del mar infinito (vea Capítulo 14) porque la distancia entre el cilindro y el vaso es relativamente grande y las velocidades rotatorias están limitadas a valores relativamente bajos. Velocidades de cizalladura suficientemente altas como las requeridas para lograr los comportamientos dilatantes extremos, normalmente no son posibles en este tipo de viscosímetro.

Las obstrucciones pueden ocurrir fácilmente en viscosímetros de cilindro y copa y de cono y placa (de nuevo, vea el Capítulo 14). En estos viscosímetros, las obstrucciones ocurren dentro de los espacios estrechos entre los rotores y los estatores donde es difícil para el operador ver que está sucediendo. Cuando las superficies de los sensores son lisas, como lo son en muchos casos, las obstrucciones pueden ocurrir aún cuando los viscosímetros continúan con sus mediciones.

Ciertos cilindros y copas son perfiladas y tienen ranuras profundas paralelas al eje de rotación. Cuando éstas se usan, es posible que los cilindros se puedan atascar y la rotación pueda cesar. Si esto sucede, la calidad del embrague determinará si el viscosímetro se ha arruinado o no; como el profesor Funk siempre bromeaba[8], cuando el motor de viscosímetro comience a humear, usted se dará cuenta de que algo malo está sucediendo.

La figura 12.1 muestra un reograma de esfuerzo cortante contra las velocidades de cizalladura para una suspensión dilatante. El problema que puede ocurrir en tales mediciones se debe al hecho de que los viscosímetros normalmente muestran la velocidad de cizalladura creada por el cilindro o cono giratorio, relativo a la copa o placa estacionaria respectivamente. No existe ninguna vía fácil a medir o mostrar las condiciones de cizalladuras reales instantáneas dentro de la suspensión. Es simplemente un supuesto el que las suspensiones se están cizallando a los índices definidos por el viscosímetro.

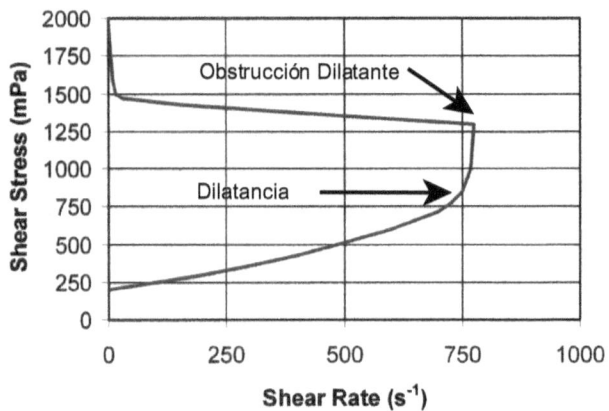

Figura 12.1. Reograma dilatante: velocidad de cizalladura
del viscosímetro contra esfuerzo al corte medido.

La figura 12.2 muestra el reograma del mismo esfuerzo cortante contra las velocidades de cizalladura, pero en este caso, el autor ha intentado mostrar el esfuerzo cortante real contra las velocidades de cizalladura a las condiciones que ocurren dentro de la suspensión cuando ocurre la obstrucción dilatante.

En el instante en que se forma una una obstrucción dilatante, la cizalladura dentro de la suspensión para. Si la obstrucción se resbala contra el cilindro (o cono) que continúa girando en el viscosímetro y el viscosímetro está registrando las velocidad de cizalladura correspondientes a las rpm del cilindro (o cono), el aparato no registrará la obstrucción; no puede hacerlo.

Si la fricción entre la superficie de la obstrucción y el viscosímetro y el esfuerzo cortante del fluido portador contra la superficie de la

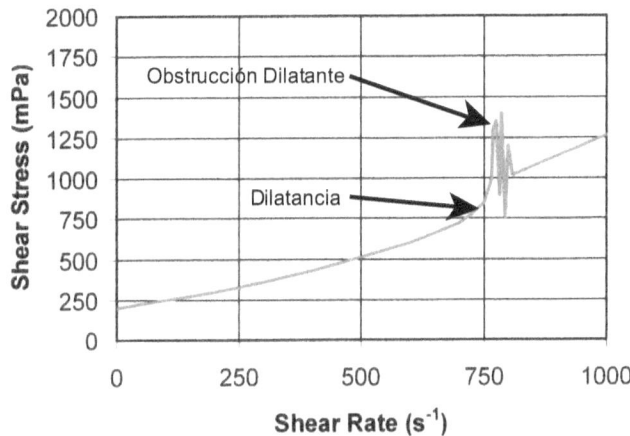

Figura 12.2. Reograma dilatante: Velocidad de corte medida
en el viscosímetro versus la velocidad real de cizalladura.

obstrucción continúan aumentando, el reograma podría continuar como
se muestra en la figura 12.1, con mayores tasas de corte después de la
obstrucción. La naturaleza de dicha continuación del reograma puede
mostrar un comportamiento Bingham como se ha dibujado en la figura o
podría continuar de manera saltona alrededor de algún valor o podría
tomar alguna otra forma.

Si existiera alguna manera de registrar las velocidades de
cizalladura reales que están ocurriendo en la suspensión, una obstrucción
dilatante debería producir un reograma que más exactamente se
asemejaría a la figura 12.2. Al momento en que la obstrucción se forma,
la cizalladura para y rápidamente regresa hacia el cero. Los esfuerzos
impuestos podrían continuar aumentando, pero la cizalladura
definitivamente para.

Es muy poco probable que un reograma como el de la figura 12.2
alguna vez se produzca en un viscosímetro, porque para lograrlo el
viscosímetro tendría detectar las condiciones reales de la cizalladura
dentro de la suspensión.

Teóricamente para esto es que se han diseñado los viscosímetros,
pero en realidad, los viscosímetros rotatorios están diseñados para
producir condiciones de cizalladuras bien definidas entre un rotor y un

estator y **se asume** que las suspensiones o fluidos que se miden, se están cizallando a esas velocidades de cizalladura.

En los fluidos simples, eso no es un problema; sólo se convierte en un problema cuando se trata con suspensiones. Adicionalmente, únicamente es un problema en suspensiones cuando las velocidades de cizalladura impuestas o los contenidos de sólidos de dichas suspensiones son altos.

Las señales que indican que existen obstrucciones dilatantes

Cuando los obstrucciones dilatante ocurren, la superficie de la suspensión en el borde de la zona de cizalladura en un viscosímetro pasa de tener una apariencia fluida brillante a ser de una apariencia apagada, mate, y seca. Si la superficie de la suspensión en el borde exterior de la célula de medición es visible al operador, este cambio en apariencia revelaría una obstrucción dilatante. Si la célula de medición del viscosímetro está diseñada para que el exceso de suspensión oculte el borde de la superficie de medición o si el filo de la zona de medición simplemente no es visible al operador, no sería posible observar el fenómeno.

Si el cilindro y copa son perfiladas (con ranuras profundas que corren de arriba hacia abajo en ambos, el cilindro, y la copa) en vez de lisos, el viscosímetro en realidad podría detectar las obstrucciones dilatantes. Si es así, podría requerirse que el embrague del viscosímetro actúe o el sensor de esfuerzo podría arruinarse, o aún más, el motor podría pararse o podría empezar a humear. Los viscosímetros costosos se deben proteger por un sistema de embrague bien diseñado de tal manera que una obstrucción no sea un problema principal. Lea la documentación de viscosímetro cuidadosamente (o llame a la compañía y pregunte) para determinar si existe algún problema potencial. No espere hasta que esté midiendo una muestra extremadamente dilatante para averiguar cómo lo manejará el viscosímetro (o si el viscosímetro puede manejarlo.)

Resumen

Como las interacciones de partícula/partícula dilatante crecen a velocidades de cizalladura altas y contenidos altos de sólidos, se pueden formar estructuras dilatantes. Cuando tales estructuras crecen hasta llenar completamente el área de las secciones transversales de los canales de flujo, el flujo cesa. La aplicación continua de altas presiones en los obstrucciones dilatantes causa que las obstrucciones se densifiquen y fortalezcan.

La solución típica a tales obstrucciones es quitar y reemplazar la sección del canal de flujo que tiene la obstrucción. Simplemente el reemplazar un tubo bloqueado con una sección nueva y limpia del mismo tamaño, permitirá que el mismo proceso se repita y que una nueva obstrucción se forme. Cuando tales obstrucciones ocurren, significa que las velocidades locales de cizalladura son demasiado altas para la suspensión del proceso.

Reemplazar los tubos bloqueados con tubos de mayor diámetro ayudará a prevenir que ocurran nuevas obstrucciones. Otra alternativa que también puede ayudar a prevenir nuevas obstrucciones, es reemplazar los tubos bloqueados por tubos del mismo tamaño y disminuir la velocidad del flujo de la suspensión en esas secciones.

Las obstrucciones dilatantes también pueden ocurrir en dados y boquillas de extrusión y moldeado por inyección. Cuando los diámetros del canal de flujo son fijos, las velocidades de cizalladura locales deben disminuirse para prevenir que se formen nuevas obstrucciones.

Desafortunadamente, las obstrucciones dilatantes, después de que se han formado, no se disipan fácilmente. La solución general a este problema es operar los procesos a velocidades bajas de cizalladura que no favorezcan la formación de obstrucciones.

Con respecto a la detección de las obstrucciones dilatante en los viscosímetros, los puntos principales que hay que enfatizar son:

(1) La mayor parte de los viscosímetros no pueden detectar la ocurrencia de las obstrucciones dilatantes.

(2) La mayor parte de los viscosímetros continúan registrando los reogramas como si nada inusual hubiera sucedido, aún después de que una obstrucción dilatante ha ocurrido.

(3) Cuando las condiciones son favorables para formación de las obstrucciones dilatantes, el operador del viscosímetro debe prestar mucha atención a la superficie de la suspensión (durante el proceso de medición) para determinar si una se ha formado, o cuándo se forma.

Capítulo Trece

Reología Práctica

Después de haber revisado las definiciones y explicaciones oficiales de las reologías independiente del tiempo y dependientes del tiempo, necesitamos añadir un tema para señalar ciertos asuntos prácticos.

Hay sólo una reología importante
entre las independientes del tiempo

Para los ceramistas, la única reología independiente del tiempo con importancia real en las suspensiones de partículas/fluido es la reología dilatante con esfuerzo de cesión.

Los esfuerzos de cesión son necesarios para formar las piezas cerámicas porque sin ellos no pueden mantener sus formas. El requerimiento de que las reologías exhiban esfuerzo de cesión, limita los tipos posibles e importantes de reologías independientes del tiempo para el proceso cerámico a las tres reologías con esfuerzos de cesión.

Las suspensiones que exhiben las estructuras de gel y esfuerzos de cesión son normalmente seudo plásticas (independientes del tiempo) y tixotrópicas (dependientes del tiempo). Ambas reologías se producen cuando cizalladura causa una perturbación de la estructura de gel que produce el esfuerzo de cesión.

Dado que la cause de la dilatancia está relacionada con las colisiones de partículas entre si y todas las pastas y suspensiones cerámicas para formación contienen grandes cantidades de partículas, todas las pastas y suspensiones cerámicas pueden ser (o son) dilatantes a velocidades de cizalladura altas. La única vía para eliminar la dilatancia es eliminar todas las posibilidades de que ocurran las colisiones de partículas. Para hacer esto, los procesos deberían operarse o (1) a

151

contenidos de sólidos extremadamente bajos, o (2) a velocidades de cizalladura extremadamente bajas.

Las suspensiones cerámicas no son prácticas a los contenidos de sólidos extremadamente bajos que se requerirían para eliminar todas las colisiones de partículas. De manera similar, las pastas cerámicas de procesos no son prácticas a las velocidades de cizalladuras extremadamente bajas que se requerirían para eliminar todas las colisiones de partículas. Como ninguna de estas soluciones es posible, los ceramistas debe negociar rutinariamente con suspensiones y pastas de formación en las que ocurren las colisiones de partículas (y consecuentemente el potencial para la dilatancía).

Todas las suspensiones cerámicas y pastas para formación contienen partículas; tales partículas reaccionarán y chocarán a las velocidades de cizalladura suficientemente altas; y las colisiones de partículas entre se causan dilatancia. Por lo tanto, se puede asumir con plena confianza que **todas** las suspensiones cerámicas exhibirán las reologías dilatantes a velocidades de cizalladura altas.

Un requerimiento reológico y la consecuencia reológica de las pastas y suspensiones cerámicas son que expongan (1) esfuerzos de cesión y (2) dilatancia. Sólo una forma de reología acomoda ambos fenómenos: dilatante con esfuerzo de cesión, por eso la única reología independiente del tiempo de importancia para los ceramistas es la reología dilatane con esfuerzo de cesión.

Todas las reologías con esfuerzo de cesión son dilatantes con esfuerzo de cesión

¿Cómo puede ser? ¿Si todas los suspensiones y pastas cerámicas son dilatantes con esfuerzo de cesión, cómo pueden ser también seudo plásticas con esfuerzo cedente o Newtonianas cedentes (que sea Bingham)? La respuesta es que la mayor parte de los viscosímetros y reómetros no pueden medir las viscosidades aparentes a las velocidades de cizalladura altas requeridas para ver y registrar la dilatancia.

El principio de dilatancia en muchas suspensiones está mucho más allá del límite superior de medición de los viscosímetros más comunes. (Al menos allá es donde queremos que siempre esté el comienzo de la dilatancía.) El hecho de que los viscosímetros no puedan medir las viscosidades aparentes a tales velocidades altas de cizalladura no significa que dilatancia no ocurra; eso sólo significa que no ocurre dentro de los rangos comunes en los que las velocidades de cizalladura se miden.

Muchos procesos someten las pastas de formación y las suspensiones a condiciones de cizalla más altas que las que pueden medirse en viscosímetros comunes. Debido a esto, los ingenieros de proceso deben considerar en cada caso las posibilidades de que ocurran las interacciones dilatantes.

¿Por qué es importante esto? La caracterización de suspensiones como seudo plásticas cedentes y Bingham sugiere específicamente, por omisión, que *estas suspensiones no son dilatantes*. Cuando nosotros, como ceramistas y los ingenieros cerámicos, **no** oímos la palabra *dilatante*, damos un suspiro de alivio colectivo porque "sabemos" que nuestras suspensiones no nos causarán ningún problema. Cuando oímos la palabra *dilatante*, nuestra tensión sanguínea aumenta y nos preocupamos de cómo podemos dar buenos resultados con suspensiones dilatantes en nuestros procesos.

El autor ha encontrado algunos a los que no les conmueve para nada el pensamiento o la amenaza de la dilatancia. Hay dos actitudes que le han sido expresadas al autor: (1) La dilatancia no es una reología importante ni es desastrosa o difícil de manejar en los sistemas de proceso cerámico; y (2) La dilatancia no existe en modo alguno ... los reogramas que muestren la viscosidad aparente creciendo cuando la velocidad de cizalladura crece, son simplemente el resultado de la pobre dispersión o mezcla.

Ninguna de estas ideas es correcta, ni nadie debería jactarse de ellos. Los ingenieros cerámicos y los ceramistas **deberían preocuparse** ante la menor sugerencia de que sus suspensiones de proceso son dilatantes.

El autor ha encontrado también algunas personas que ignoran las interacciones de partículas en favor de la simplicidad matemática. El autor una vez asistió a una presentación técnica en que los reogramas que se mostraban estaban medidos en todo el rango de velocidad de cizalladura desde $1s^{-1}$ hasta $100s^{-1}$. Los datos estaban limitados a las bajas velocidades de cizalladura debido al viscosímetro particular que se había usado. Alguien preguntó que cuál sería la viscosidad aparente de la suspensión cuando estuviera sometida a las velocidades altas de cizalladuras en un atomizador. La respuesta fue que dado que la suspensión se asumía como Bingham, simplemente se debía usar una extrapolación lineal del reograma medido hasta la velocidad de cizalladura del atomizador.

Esta respuesta ignora cualquiera consideración de los efectos que tienen las colisiones de partículas a las velocidades de cizalladura más altas. Ello sugirieron incorrectamente que las colisiones de partículas no son importantes y que se pueden ignorar.

Una extrapolación de cualquier reograma es inherentemente peligrosa. Una **inter**polación, dentro del rango de datos medidos, se puede usar con buenos resultados y puede ser razonablemente informativa, pero la **extra**polación que use los datos medidos a velocidades bajas de cizalladura (de $\sim 1s^{-1}$ - $100s^{-1}$) para calcular las viscosidades aparentes a las velocidades altas de cizalladura (de $\sim 5,000s^{-1}$ - $10,000s^{-1}$ o más) produce nada más que una suposición ciega o poco fundamentada.

Las conclusiones que se pueden sacar de estas observaciones son: (1) ciertas técnicos no consideran a la dilatancia como un problema principal de reología. (2) Ciertos técnicos (¿muchos?) no asocian las colisiones de partículas con la dilatancia. (3) Algunos creen que no es necesario tratar de medir las viscosidades a velocidades altas de cizalladura porque se pueden calcular fácilmente.

Los que tienen tales creencias están pasando por alto las dificultades reales que presentan las interacciones y colisiones de partículas en las suspensiones.

Si usted es un ingeniero cerámico, técnico, artista, o gerente, o pertenece a cualquier otro campo de la ingeniería y se altera y preocupa con la sugerencia que sus suspensiones pueden ser dilatantes ... ¡está en lo **correcto**! ¡La dilatancia es una problema mayor en las suspensiones y pastas para formación y **se debe considerar seriamente**!

¿Velocidades de cizalladura suficientement altas?

La figura 13.1 muestra tres reogramas que empiezan con formas idénticas al del reograma A. Los reogramas B y C se han cambiado matemáticamente para que muestren viscosidades inferiores de forma tal que sean fáciles de ver. Todos los tres reogramas comienzan en velocidades de cizalladuras de 20s^{-1}. El reograma A está trazado hasta 400s^{-1}. El B está trazado hasta 140s^{-1} y el C se detiene a 80s^{-1}. Note que el reograma A muestra claramente un comportamiento dilatante cedente, pero el reograma B parece Bingham, y el C parece seudo plástico con esfuerzo de cesión.

Todos los tres reogramas, sin embargo, tienen exactamente la misma forma – dilatante con esfuerzo de cesión (es decir, todos son paralelos.) Los reogramas B y C se cambiaron matemáticamente a las viscosidades inferiores, y algunos de los datos no se incluyeron. Esta

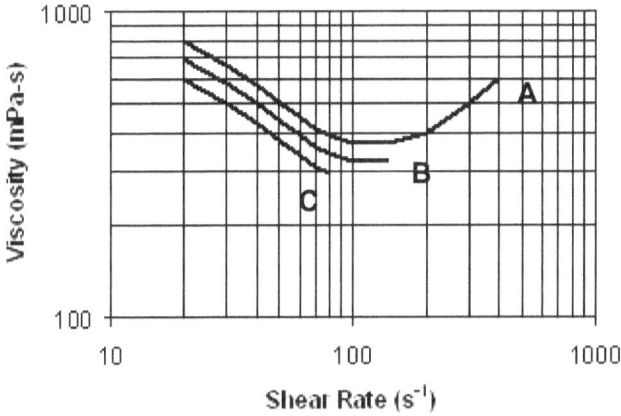

Figura 13.1. Tres reogramas dilatantes con esfuerzo de cesión.

figura muestra que las reogramas dilatantes cedentes pueden parecer ser tanto seudo plásticos con esfuerzo de cesión como Bingham, dependiendo del límite superior de la velocidad de cizalladura medida.

Muchos viscosímetros se limitan a medir velocidades de cizalladura relativamente bajas y simplemente no se pueden usar para medir los comportamientos a las velocidades altas de cizalladura. Como consecuencia, muchos reogramas medidos exponen las formas que asemejan a los reogramas B y C en la figura 13.1, aunque parecerían ser los reogramas dilatantes con esfuerzos de cesión si las mediciones pudieran continuarse hasta velocidades de cizalladura más altas.

Dos preguntas se deben hacer cuando se mide una reología seudo plástico o una reología Bingham: ¿Cuál es la velocidad de cizalladura donde se sitúa el comienzo de la dilatancia de esta suspensión? ¿El rango de las velocidades de cizalladuras medidas representa o incluye todas las velocidades de cizalladura que ocurran en el entorno del proceso? Las respuestas a estas dos preguntas deberían ayudar a determinar si la dilatancia causará problemas a la suspensión particular en su entorno de procesamiento.

Cuando las suspensiones se ajustan cambiando las concentraciones de aditivos químicos, o haciendo cambios a las distribuciones del tamaño de las partículas, o haciendo cambios a los contenidos de sólidos, se debe preguntar también cómo afecta cada uno de estos ajustes la velocidad de cizalladura al principio de la dilatancia.

Si velocidades de cizalladura del proceso son similares o menores que la velocidad de cizalladura al punto de inicio de dilatancia de la suspensión, claramente deben hacerse ajustes de proceso y tomarse las previsiones necesarias.

Las simultaneidad de la gelificación y las interacciones de partículas

Los fenómenos de gelificación y las interacciones entre partículas ocurren simultáneamente en las suspensiones de los procesos cerámicos. Las viscosidades aparentes medidas son una condición de equilibrio controlado por el índice de gelación (que construye el gel) y las velocidades de cizalladura (que rompen el gel y controlan la magnitud de las colisiones entre partículas.)

La construcción de gel, la perturbación de gel, y las colisiones entre partículas ocurren simultáneamente en suspensiones sujetas a cizalladuras. El único fenómeno que ocurre en las suspensiones en reposo es la construcción de gel. El gel se rompe aquellas suspensiones que están sujetas a esfuerzos cortantes de cizalladura en el fluido y estructura de gel, y por la transferencia de energía a medida que los remanentes de la estructura de gel, los flóculos, y las partículas reaccionan y chocan en respuesta a la cizalladura que se ha impuesto.

En las suspensiones de bajos contenidos de sólidos donde las colisiones y otras interacciones de partículas se pueden haber ignorado, las propiedades de reología debido a la perturbación de la estructura de gel serán sólo seudo plásticas. Los efectos dilatantes no son el resultado de la perturbación de gel.

La figura 13.2A muestra un ejemplo del comportamiento de una suspensión seudo plástica idealizada. Mientras más altas son las velocidades de cizalladuras impuestas, más baja es la viscosidad aparente medida.

A medida que la velocidad de cizalladura aumenta, la estructura de gel se destruye y la viscosidad aparentes disminuye. Cuando la velocidad de cizalladura disminuye, los fenómenos de gelificación dominan, la estructura de gel se reconstruye, y las viscosidades aparentes crecen. Al aplicar velocidades altas de cizalladura después de la estructura de gel se ha destruido casi completamente y todas las partículas están viajando como individuos, las viscosidades aparentes se verán inafectadas y relativamente fijas.

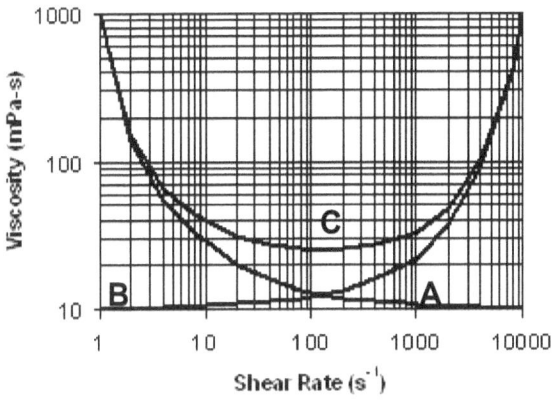

Figura 13.2. Reologías seudo plásticas (A) y dilatantes (B), y el efecto acumulativo de las dos (C).

La figura 13.2B muestra un ejemplo del comportamiento de una suspensión dilatante ideal. Cuando las velocidades de cizalladura aumentan, las interacciones entre partículas crecen y las viscosidades aparentes medidas también crecen. A medida que las velocidades de cizalladura disminuyen, las interacciones entre partículas disminuyen y las viscosidades aparentes disminuyen. A velocidades de cizalladura más bajas, donde las interacciones de partículas son insignificantes, las velocidades aparentes se ven inafectadas y son relativamente fijas.

Todos estos fenómenos ocurren simultáneamente. El tercer reograma (C) en la figura 13.2 muestra un ejemplo del efecto acumulativo que resulta cuando ambos tipos de comportamientos ocurren simultáneamente. Los efectos acumulativos que se muestran en esta figura son típicos de la mayor parte de las suspensiones cerámicas y pastas para formación.

A velocidades de cizalladura altas, donde la mayor parte de la estructura de gel se ha destruido, las viscosidades aparentes son altas debido a las colisiones dominantes de partículas y las propiedades dilatantes. A velocidades de cizalladura muy bajas donde las interacciones de partículas son insignificantes, las viscosidades aparentes también son altas debido a los fenómenos de gelificación dominantes y a la estructura de gel.

Las colisiones e interacciones dilatantes entre partículas destruyen las estructuras de gel, de forma tal que a medida que los contenidos de sólidos crecen, se puede esperar que se termine el comportamiento seudo plástico a velocidades de cizalladura relativamente bajas y que las propiedades dilatante dominen el comportamiento en la mayor parte del espectro de velocidades de cizalladura.

El punto más importante de esta figura y de esta sección es el enfatizar que estos dos fenómenos ocurren simultáneamente. Las fuerzas atractivas entre partículas causan que se formen las estructuras de gel y las colisiones e interacciones entre partículas causan las propiedades dilatantes.

Cuando las partículas están presentes en concentraciones altas, como lo están en las suspensiones de procesos cerámicos, ocurren y aparecen simultáneamente las estructuras de gel, las reologías seudo plásticas, y las reologías dilatantes. Los efectos acumulativos producen las reologías dilatantes con esfuerzo de cesión.

Las ecuaciones 'Power Law' para reogramas

Una de las formas comunes de las ecuaciones que se usan para representar matemáticamente los reogramas independientes del tiempo es la *ecuación de la ley de potencia* (en inglés, *Power Law Equation*). La forma general de ecuación de ley de potencia se puede usar para describir las seis reologías independientes del tiempo:

$$\tau_s = \tau_y + K \dot{\gamma}^n \qquad (13\text{-}1)$$

donde τ_s = esfuerzo de corte,
K = Coeficiente empírico, coeficiente de rigidez,
$\dot{\gamma}$ = velocidad de cizalladura,
n = coeficiente empírico, conocido como *el indice de flujo*,
τ_y = esfuerzo de cesión.

Ecuaciones con índices de flujo, n, mayor que uno (n > 1.0) caracterizan a las suspensiones dilatantes. Índices de flujo menores que uno (n < 1.0) caracterizan a las suspensiones seudo plásticas. Índices de flujo exactamente iguales a uno (n = 1.0) caracterizan a los comportamientos lineales de suspensiones Newtonianas y de Bingham.

Valores del esfuerzo de cesión, τ_y, iguales a cero (τ_y = 0.0) caracterizan las tres reologías independientes del tiempo que no tienen esfuerzo de cesión. Valores del esfuerzo cedente, τ_y, mayores que cero (τ_y > 0.0) caracterizan a las tres reologías que tienen este esfuerzo. Las ecuaciones para las seis reologías independientes del tiempo son:

Dilatante con esfuerzo
de cesión: $\qquad \tau_s = \tau_y + K \dot{\gamma}^n \quad (n > 1) \qquad (13\text{-}2)$

Bingham $\qquad \tau_s = \tau_y + \mu_B \dot{\gamma} \quad (n = 1) \qquad (13\text{-}3)$

Seudo plástico con
esfuerzo cedente: $\qquad \tau_s = \tau_y + K \dot{\gamma}^n \quad (n < 1) \qquad (13\text{-}4)$

Dilatante $\qquad \tau_s = \quad K \dot{\gamma}^n \quad (n > 1) \qquad (13\text{-}5)$

Newtoniano $\qquad \tau_s = \quad \mu \dot{\gamma} \quad (n = 1) \qquad (13\text{-}6)$

Seudo plástico $\qquad \tau_s = \quad K \dot{\gamma}^n \quad (n < 1) \qquad (13\text{-}7)$

Note que la constante de proporcionalidad, K, que se usa para los fluidos Newtonianos se conoce como la viscosidad Newtoniana, μ, y la que se ha usado para los fluidos de Bingham se conoce como la viscosidad de Bingham, μ_B.

Estos seis reogramas se muestran en un diagrama de esfuerzo cortante contra velocidad de cizalladura en la figura 4.1 y en un diagrama de viscosidad aparente contra velocidad de cizalladura en la figura 4.2.

Las ecuaciones de la Ley de potencia de las reologías que no tienen esfuerzo de cesión, se trazan como líneas rectas en los ejes logarítmicos (log-log) como se ha mostrado en la figura 4.2. Las formas de la Ley de Potencia de las reologías con esfuerzo de cesión se acercan al comportamiento lineal a velocidades de cizalladura más altas. Debido a este comportamiento lineal, los ejes log-log se usan comúnmente para tales reogramas.

Los ejes logarítmicos son útiles para ambos ejes porque la velocidad de cizalladura, el esfuerzo cortante, y la viscosidad aparente pueden cubrir varios órdenes de magnitud. Los ejes logarítmicos permiten trazar y leer fácilmente las velocidades de cizalladura, los esfuerzos cortantes, y las viscosidades aparentes sobre el amplio rango de las velocidades de cizalladuras que además se pueden mostrar en una sola gráfica.

Por ejemplo, en un trazado de logaritmo-logaritmo, el comportamiento de viscosidad aparente en rango de velocidad de cizalladura desde $1s^{-1}$ hasta $10s^{-1}$ es tan fácil de ver como el comportamiento aparente de viscosidad en rango desde $1,000s^{-1}$ hasta $10,000s^{-1}$. Un eje normal (lineal) que cubra el rango de velocidad de cizalladura desde $0s^{-1}$ hasta $10,000s^{-1}$ puede estar dominado por los datos entre $1,000s^{-1}$ y $10,000s^{-1}$. Los datos de las velocidades de cizalladura bajas, que podrían quedar comprimidos en la región cerca del eje de viscosidad, serían muy difíciles de leer.

Las figuras 13.3 y 13.4 muestran ejemplos de esto. La figura 13.3 muestra el reograma seudo plástico de la figura 13.2A en los ejes logaritmo-logaritmo. La figura 13.4 muestra el mismo reograma trazado en los ejes logaritmo-lineal (semi logarítmico).

En la figura 13.3 , es bastante fácil leer las viscosidades aparentes en el rango de velocidades de cizalladura desde $1s^{-1}$ hasta $10s^{-1}$. En la figura 13.4, sin embargo, es casi imposible leer exactamente todas las viscosidades aparentes debajo de 500s⁻¹. Por esta razón se recomienda usar los ejes logaritmo-logaritmo.

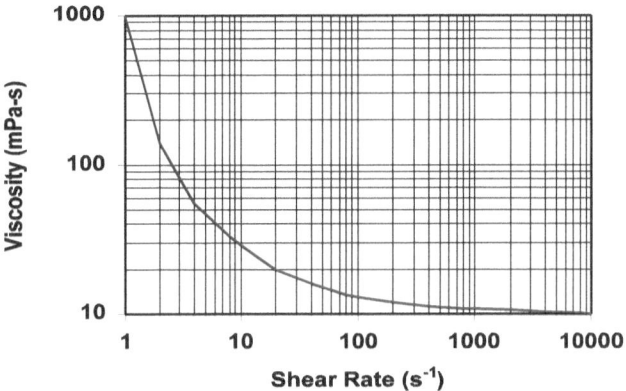

Figura 13.3. Reograma seudo plástico trazado
en los ejes de log-log (logaritmo-logaritmo.)

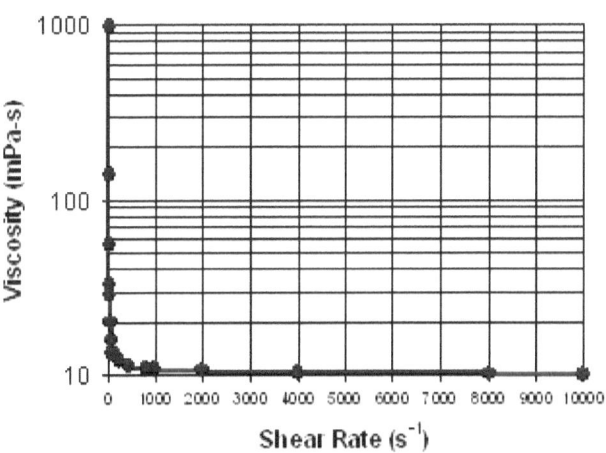

Figura 13.4. Reograma seudo plástico trazado
en los ejes de semi-log (logaritmo-lineal).

¿Qué se puede esperar a las velocidades altas de corte?

Figura 13.5 muestra la presentación de logaritmo-logaritmo de un reograma seudo plástico perfecto de la forma de la ecuación (13-7). Como se puede observar, tiene un comportamiento lineal perfecto en los ejes de logaritmo-logaritmo.

Las preguntas que es necesario hacer son las siguientes:

1 – ¿Cuál es la viscosidad del fluido portador en esta suspensión?
2 – ¿Qué tan lejos puede continuar este comportamiento lineal? ¿Es decir, hasta qué valor de baja viscosidad puede continuar este comportamiento lineal a medida que las velocidades de cizalladura continúan incrementándose?
3 – ¿Dado que los ejes logaritmo-logaritmo no tienen ningún valor igual a cero, puede la viscosidad continuar disminuyendo hacia e cero, pero sin alcanzarlo, a medida que las velocidades de cizalladura se incrementan?
4 – ¿Podrá la viscosidad de suspensión finalmente caer por debajo de la viscosidad de ese líquido portador?

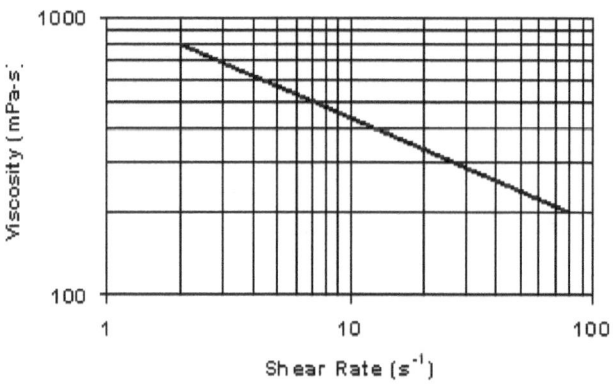

Figura 13.5. Una suspensión seudo plástica perfecta.

La respuesta a la primera pregunta pone un límite razonable a la discusión sobre la viscosidad. Permítasenos asumir que la viscosidad del fluido portador solo (sin partículas) está alrededor de 100 mPa·s. ¿Qué tan lejos continuará el comportamiento lineal mientras que las velocidades de cizalladura se incrementan? Si no se encuentra ninguna respuesta fácilmente, consideremos las preguntas 3 y 4. ¿A medida que las velocidades de cizalladura se incrementan, la viscosidad de la suspensión finalmente se acercará al cero? ¿La viscosidad de una suspensión de polvo y agua finalmente disminuirá por debajo de la viscosidad de la agua? ¿Si la viscosidad del fluido de portador en la figura 13.5 es 100 mPa·s, puede la viscosidad de la suspensión finalmente disminuir por debajo de 100 mPa·s? ¿Puede la viscosidad de una suspensión de polvo y agua o la viscosidad de la suspensión en la figura 13.5, disminuir finalmente por debajo de la viscosidad del aire? Expresado de este modo, la sugerencia de que el comportamiento lineal de la viscosidad continuará sin fin (que es matemáticamente posible) es absurda.

La sugerencia de que la viscosidad de una suspensión podría disminuir finalmente por debajo de la viscosidad que tiene el fluido de portador por si mismo, es absurda. ¡No! Eso no se puede. Las velocidades de cizalladura por si solas no pueden reducir la viscosidad del agua por debajo de la propia viscosidad del agua. Tamposo pueden las velocidades de cizalladura por si solas reducir la viscosidad de una suspensión de polvo y agua a niveles por debajo de la viscosidad del fluido de portador.

La Ecuación de Einstein (Ecuación 3.1) muestra que la viscosidad de una suspensión de contenidos de sólidos bajos es igual a la viscosidad del fluido, **más** un efecto (que aumenta la viscosidad) para los sólidos en la suspensión. Hay disponibles grandes cantidades de datos empíricos que demuestran la veracidad de la ecuación de Einstein en las suspensiones de los contenidos de sólidos bajos.

Así pues, el reograma que se mostraba en la figura 13.5 debe desviarse finalmente de su comportamiento lineal para acercarse a una viscosidad limitativa límite que no puede ser en ningún caso inferior a la viscosidad del fluido solo. Pero eso produce un reograma que tiene carácter de Bingham, como aparece en la figura 13.6.

¿Es éste un reograma Bingham? Para que se ajuste al comportamiento de Bingham (Ecuación 13-3), la viscosidad debe nivelarse a algún valor y acercarse a la viscosidad fija a medida que las

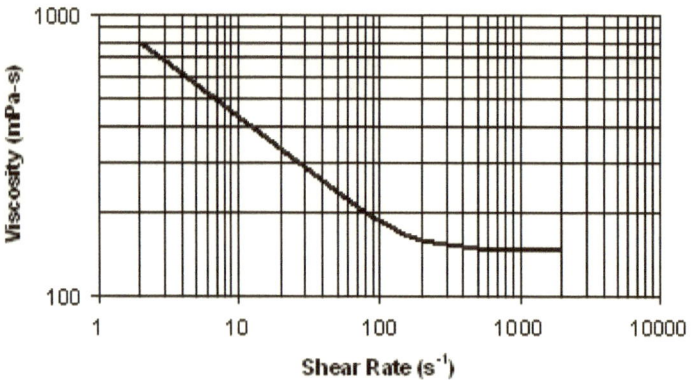

Figura 13.6. ¿Un reograma Bingham?
El reograma tiene una viscosidad aparente límite.

velocidades de cizalladura continúan incrementándose. Para continuar con la serie de preguntas, debemos preguntarnos ahora:

5 – ¿Podrán las partículas alguna vez empezar a chocar a medida que las velocidades de cizalladura continúan subiendo?

Si la respuesta a la pregunta 5 es "No":

6 – ¿Por qué no?

Si la respuesta a la pregunta 5 es "Sí":

7 – ¿Puede la intensidad de las colisiones incrementarse cuando las velocidades de cizalladura continúan aumentado?
8 – ¿Pueden las colisiones finalmente dominar el comportamiento a medida que las velocidades de cizalladura continúan creciendo?

Estas preguntas plantean si el reograma continuará como la curva A o como la curva B, en la figura 13.7.

Si la suspensión es verdaderamente Bingham y si las colisiones nunca se intensifican o dominan dentro de la suspensión, entonces una continuación del reograma debería seguir la curva A; pero si colisiones se intensifican a medida que las velocidades de cizalladura crecen y si, finalmente, las colisiones dominan durante las condiciones de velocidades

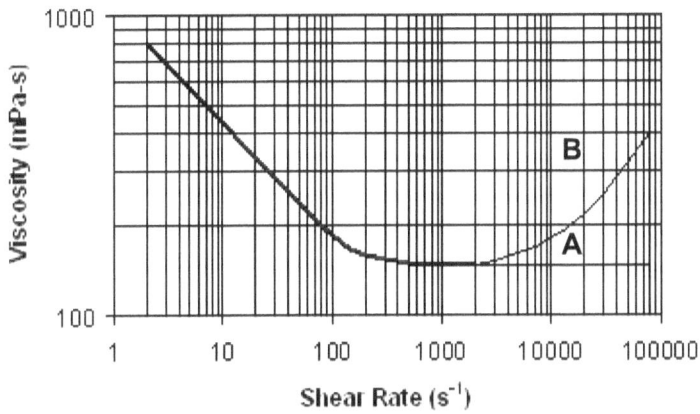

Figura 13.7. Continuación de reograma a medida que las velocidades de cizalladura se incrementan.

de cizalladuras altas, entonces el reograma seguirá la curva B. Dicha curva B, sin embargo, no es una reología de Bingham sino que corresponde a la curva característica de la reología dilatante con esfuerzo de cesión.

Si esta discusión se trataba de suspensiones con contenidos de sólidos extremadamente bajos, tal como niveles de sólidos de 1% y fluido de 99% , se podría argumentar que las colisiones entre las partículas nunca podrían dominar la reología, lo que podría ser cierto.

Las suspensiones cerámicas típicas normalmente son concentradas, a veces 50% en volumen de sólidos o más y las pastas cerámicas típicas para formación y para extrusión tienen concentraciones aún altas. Las partículas en tales suspensiones y pastas chocarán y no sólo aparecerá la dilatancia, sino que ese comportamiento dominará a velocidades de cizalladura altas.

La curva B en la figura 13.7 es el tipo de reograma que debe esperarse para las suspensiones y pastas de formación en los procesos cerámicos. La única pregunta que falta hacer para cada entorno particular del proceso cerámico es: ¿Qué es una velocidad de cizalladura "alta" en este proceso? Cada ceramista tiene que responder esta pregunta para su propio proceso.

Cada proceso de producción tendrá ciertas operaciones de cizalladura alta y muchas operaciones de cizalladura baja. Las operaciones de cizalladuras bajas no son problema. Identificar las operaciones de cizalladuras altas y caracterizar las velocidades de cizalladura impuestas en esas operaciones, es el problema.

Todos los que son responsables del éxito de una operación de un proceso de producción deben estar bien familiarizados con el proceso para saber dónde se localizan las operaciones de cizalladura alta, así como los comportamientos esperados de las barbotinas y pastas en esos puntos.

Si una o varias personas son responsables este tipo de información en los procesos, suspensiones y pastas en cada fábrica cerámica debe ser conocida y estrechamente controlado por ellas.

El ignorar las interacciones entre las partículas, o sugerir que la dilatancia no existe es arriesgado. La dilatancia ha causado muchos, muchos problemas de proceso y sus efectos pueden ser extremos.

Sugerencias prácticas concernientes a las mediciones de viscosidades aparentes

Las mediciones de la alta cizalla

Es difícil medir los comportamientos de las velocidades de cizalladura altas en muchas suspensiones cerámicas. Muchos buenos viscosímetros industriales simplemente no alcanzan a esas velocidades de cizalladura suficientemente altas para mostrar los comportamientos dilatantes. Muchos de los viscosímetros que pueden alcanzar las velocidades de cizalladura altas son muy caros y no están diseñados para el control de proceso.

Es igualmente difícil medir los comportamientos de velocidades de cizalladura altas de las pastas cerámicas para formación. No sólo es que los reómetros que se necesitan para hacen tales mediciones son relativamente escasos dentro de las compañías de producción cerámica, sino también que estos tipos de reómetros frecuentemente se limitan a las mediciones de las velocidades de cizalladura relativamente bajas.

Las mediciones de reología versus viscosidad aparente

Para aprender el comportamiento completo de la reología de una suspensión de proceso o pasta de formación, se deben medir las viscosidades aparentes a **más de una** velocidad de cizalladura. Si un reómetro siempre funciona a un valor único de rpm, las mediciones indicarán las viscosidades aparentes a estas revoluciones por minuto, pero las mediciones no indicarán nada acerca de los tipos de reología de las muestras.

Para medir las **reologías**, (en vez de sólo las viscosidades aparentes) las suspensiones deben medirse a varias velocidades de cizalladura (es decir, a varios valores de rpm). **Al menos dos** índices diferentes de rpm deben usarse para poder aprender algo sobre la reología de una suspensión.

Las revoluciones por minuto (rpm) son aproximadamente proporcionales a la velocidad de cizalladura, así pues, aunque no se conozca el valor exacto de la velocidad de cizalladura a cada rpm, con pruebas ejecutadas a 50, 100 y 200 rpm se puede producir información sobre la reología. Cada rpm de prueba revela las viscosidades aparentes a esas rpm, pero dos o más índices de rpm revelan información de reología.

Cuando las viscosidades aparentes se miden a dos o más índices de rpm (que corresponden a dos o más velocidades de cizalladura), los reogramas se pueden trazar como el esfuerzo cortante contra las rpm. Si el rango de valores de rpm de prueba cubre el espectro de medición completo del viscosímetro, los resultados serán los mejores posibles para ese viscosímetro particular. Al menos una de las velocidades de cizalladura examinada en cada caso debe incluir el máximo índice posible de velocidad de cizalladura (rpm) que se puedo medir con ese viscosímetro.

Las mediciones de viscosidad
cinemática versus viscosidad dinámica

Note que las mediciones que necesitamos hacer son las mediciones de viscosidad dinámica. Las viscosidades dinámicas se pueden medir por copa y cilindro, cono y placa, esferas vibrantes, y los viscosímetros capilares.

Los viscosímetros cinemáticos son esos en los que los flujos de suspensión se cronometran por un orificio en el fondo de una copa, o por un orificio en un tubo, bajo la influencia sólo de la gravedad. Los viscosímetros cinemáticos no producen información reológica útil. Tales viscosímetros pueden ser útiles para controlar y ajustar las viscosidades de proceso de lote a lote, pero no son útiles para determinar reologías.

Los tipos de viscosímetros que pueden medir las viscosidades dinámicas sobre un rango amplio de velocidades de cizalladura se caracterizan por la capacidad para exponer toda la suspensión presente en la célula de medición a una velocidad de cizalladura única. Para medir las propiedades de reología, se usan varias mediciones de varias velocidades de cizalladura diferentes.

Dado que los viscosímetros cinemáticos usan la gravedad para producir el flujo y las condiciones de velocidad de cizalladura, cada medición normalmente representa los efectos acumulativos de un rango de las velocidades de cizalladura. La cabeza de presión creada por la altura del fluido del orificio hasta la superficie del fluido, controla la velocidad de flujo (y la velocidad de cizalladura) del fluido que pasa por el orificio. A medida que el fluido pasa por el orificio y el nivel de superficie baja, la cabeza de presión, la velocidad de flujo por el orificio y la velocidad de cizalladura dentro del orificio disminuyen. Para todas estas razones, una medición de viscosidad cinemática única representa todo un rango de condiciones de cizalladuras.

Esto no quiere decir que los viscosímetros cinemáticos no sean exactos, que no produzcan mediciones reproductibles o que no sean útiles, porque sí lo son y hacen todo eso; sólo que no producen información útil sobre las propiedades de reología de una suspensión.

Las mediciones automáticas en los viscosímetros

Muchos viscosímetros de hoy se controlan por computadoras. Es relativamente fácil preparar un viscosímetro para medir las viscosidades aparentes a varias velocidades de cizalladura diferentes desde las más bajas hasta las más altas posibles.

Los viscosímetros automáticos son excelentes desde el punto de vista de la consistencia. Debido a qie muchas suspensiones cerámicas son tixotrópicas (dependientes de tiempo), es importante que las viscosidades aparentes de las muestras individuales sean medidas usando procedimientos idénticos. Los viscosímetros controlados por computadora son excelentes al reproducir idénticas condiciones de prueba de una muestra a otra.

Las mediciones manuales de reología

Si un instrumento controlado por una computadora no está disponible, se debe usar un cronómetro manual para controlar precisamente la duración de la medición a cada velocidad de cizalladura diferente. Al realizar manualmente las mediciones de reología, los índices de rpm se deben cambiar a medida que el viscosímetro continúa corriendo y midiendo datos.

Una medida de reología de 10 minutos que empieza a una rpm bajas y miden 10 viscosidades aparentes a 10 índices de rpm diferentes debe durar exactamente 10 minutos. Al final de cada 60 segundos, las rpm se deben mover al próximo valor. A menos de que por las limitaciones del viscosímetro no se pueda hacer, no pare el viscosímetro al final de cada 60 segundos para cambiar las rpm y que entonces tenga que comenzar de nuevo para continuar la prueba. Simplemente anote el valor al final de cada 60 segundos y entonces inmediatamente aumente las rpm al próximo valor con el viscosímetro corriendo.

Una prueba para medir reología

Un buen programa para medir las viscosidades aparentes a 1, 5, 10, 50 , y 100 rpm, es permitir que el viscosímetro mida viscosidades a cada rpm durante precisamente 1 minuto. La viscosidad aparente al final del minuto a cada rpm se debe anotar, y se incrementan las rpm precisamente al final de cada minuto. La prueba completa durará, entonces, 5 minutos para ejecutarse.

Si el viscosímetro puede medir cada rpm entre 1 y 500, una prueba buena es medir las viscosidades aparentes a 10 ó 20 índices de rpm diferentes después de duraciones de 30 o de 60 segundos a cada rpm. Escoja una única duración para cronometrar a cada rpm y entonces lo usa de prueba en prueba, día tras día. Una buena duración cada rpm es de 60 segundos, pero cada prueba para medir las viscosidades aparentes a 20 índices de rpm diferentes durará 20 minutos. Si le parece demasiado largo, entonces escoja una duración de 30 segundos a cada rpm.

Cuando es posible medir en un amplio rango de las velocidades de cizalladura, el autor recomienda escoger los valores de rpm que cuadren una escala logarítmica. Si el rango de rpm es desde 1 hasta 500, en lugar de escoger 1, 50, 100, 150 y así de 50 a 500, escoja valores de rpm que produzcan incrementos uniformes en una escala logarítmica. La tabla 13.1 enseña a calcular tal escala para dividir el rango desde 1 hasta 500 rpm en 10 intervalos logarítmicos iguales.

Tabla 13.1. Cálculo de muestra para una
escala de logaritmo entre 1 y 500 rpm.

rpm	log rpm	log rpm intervalo	anti- log	nuevo rpm
1	0.00	0.00	1.0	1
		0.30	2.0	2
		0.60	4.0	4
		0.90	7.9	8
		1.20	15.8	16
		1.50	31.6	32
		1.80	63.1	63
		2.10	126.	126
		2.40	251.	251
500	2.70	2.70	500.0	500

Los logaritmos de rpm más bajas y más altas (1 y 500) están situados en la columna 2. La diferencia entre estos dos entre los valores, 2.70 – 0.0 = 2.70, se divide por 9 para determinar el valor incremental (0.30). Note que el número de intervalos es uno menos del número de los valores de rpm deseados. Para 10 valores de rpm, use 9 intervalos. Comenzando con la primera fila, añada este incremento para calcular cada nuevo valor de logaritmo como se muestra en la columna 3. Calcule los anti-logaritmos de estos valores, como se muestra en la columna 4 y redondee los valores para producir el nuevo valor de rpm que se muestra en la última columna. Cuando esté haciendo una gráfica de las revoluciones por minuto en un eje logarítmico, los valores en la columna 5 de la tabla 13.1 producirán incrementos igualmente espaciados.

Para completar la estructura de prueba, debe decidir la duración de la medición a cada nivel de rpm del ensayo, que corresponde al número de segundos entre las mediciones. Dado que este ejemplo tiene 10 valores de rpm, la prueba durará exactamente 5 minutos cuando se usan duraciones de 30 segundos y 10 minutos cuando se usan duraciones de 60 segundos. Programe esta información en el viscosímetro y cada vez que necesite hacer un reograma, use este procedimiento.

No es necesario usar los incrementos logarítmicos; no es necesario usar incrementos lineales igualmente espaciados; no es necesario usar intervalos de tiempo de 30 o 60 segundos; cualquier decisión que se tome está bien. Se recomiendan los incrementos logarítmicos porque son prácticos y proporcionan uniformemente la información a través del espectro de velocidades de cizalladura.

Una cosa es necesaria cualquiera que sea la decisión: debe usarse el mismo procedimiento **consistentemente** de una prueba a otra. Después de que se ha diseñado un procedimiento de medición de reología, se se program en un viscosímetro controlado por computadora o si va a ser controlado manualmente, se necesita seguirlo exacta y precisamente cada vez para que las mediciones sean correspondientes entre ellas y las diferencias entre las muestras puedan ser comparables.

Resumen

La única reología independiente del tiempo con importancia para los ceramistas es la reología dilatante con esfuerzo cedente. Si una reograma medido parece ser seudo plástico, o Bingham, se debe preguntar donde ocurre el principio de la dilatancía.

La gelificación, que construye las estructuras de gel, trata de reconstruir también las estructuras de gel aún cuando se están destruyendo por la velocidad de cizalladura. Las interacciones y colisiones entre partículas causan dilatancia porque ayudan a desorganizar y perturbar las estructuras de gel. Todos estos fenómenos ocurren simultáneamente en suspensiones de proceso. Las viscosidades aparentes medidas exponen los efectos acumulativos de todos estos fenómenos. Cuando un estado de viscosidad aparente fija se ha logrado a una velocidad de cizalladura, todos estos efectos competitivos han alcanzado un estado de equilibrio entre ellos.

Todas las suspensiones de procesos cerámicos deben ser consideradas como dilatantes con esfuerzo de cedencia. La pregunta de principal interés para cada suspensión es la de a qué velocidad de cizalladura empieza para aparecer dilatancia. Tratar de decidir si una suspensión es dilatante es un derroche del tiempo. Sólo asuma que todas las suspensiones son dilatantes y trate de determinar cuál es el velocidad de cizalladura a la que dilatancia aparecerá.

En muchas circunstancias, la dilatancia comenzará en una velocidad de cizalladura mucho mayor que las más altas de las que aparecen en el entorno del proceso. En algunos casos, sin embargo, las velocidades de cizalladura del proceso serán mayores que la velocidad de cizalladura al principio de la dilatancia y entonces ocurrirán problemas de proceso.

Los ejes de logaritmo–logaritmo se recomiendan para los reogramas. Los datos de viscosidades aparentes sobre amplio rango de las velocidades de cizalladura disponibles se muestran mejor y son más fáciles de leer cuando se usan tales ejes.

Para medir las propiedades reológicas, se deben usar viscosímetros que puedan medir las viscosidades dinámicas a varios valores diferentes de rpm. Las mediciones a sólo una única rpm son simplemente **viscosidades aparentes** a una única velocidad de cizalladura y no dicen nada concerniente al tipo de reología de una suspensión. Las mediciones de viscosímetro que cubren varios índices de rpm (es decir, a varias condiciones de cizalladura diferentes), proporcionarán los datos que caracterizan la **reología** de la suspensión.

Capítulo Catorce

Viscosímetros y reómetros

Hay varios tipos de viscosímetros disponibles para medir las propiedades de reología. Este capítulo cubrirá algunos de los diferentes tipos de viscosímetros que pueden medir las viscosidades dinámicas y propiedades de reología. Cada tipo de viscosímetro tiene consideraciones específicas que deben aplicarse cuando se hacen las pruebas y se interpretan los datos. Estas consideraciones se mencionarán y discutirán en este capítulo.

Viscosímetros de rotación

El más común tipo del viscosímetro usado en las industrias de cerámicas para medir viscosidades y reologías son los viscosímetros de rotación. Un sensor cilíndrico es insertado en suspensiones para medir viscosidad. Los viscosímetros rotativos manejan el sensor y miden la resistencia de la suspensión a la rotación de sensor. El sensor es normalmente vinculado por un resorte o sensor de torques al motor de control. Esto permite que las mediciones de viscosidad se hagan como el sensor gira.

El tipo más común de viscosímetro que se usa en la industria cerámica para medir viscosidades y reologías es el viscosímetro de rotación. Un sensor cilíndrico se inserta en las suspensiones para medir viscosidad. Los viscosímetros rotativos manejan el sensor y miden la resistencia de la suspensión a la rotación del mismo. Tal cilindro normalmente está vinculado por un resorte o dispositivo medidor de torques al motor de control; esto permite que las mediciones de viscosidad se hagan a medida que el sensor cilíndrico gira.

Los diferentes tipos de viscosímetros rotativos representan configuraciones y geometrías de medición diferentes. Los tipos geométricos diferentes, de mar infinito, copa y cilindro y el de cono y placa, se cubrirán separadamente en las próximas secciones.

Viscosímetros de mar infinito

El nombre de este tipo de viscosímetro rotativo viene del hecho de que el sensor cilíndrico se pueda insertar en un envase de cualquier tamaño, desde un pequeño beaker o recipiente de laboratorio hasta en el propio océano. La suposición que se hace es que el envase de medición es lo bastante grande para que los efectos de los bordes sean insignificantes en las mediciones y por lo tanto se puedan ignorar. El envase de medición se supone que es tan grande como un "mar infinito."

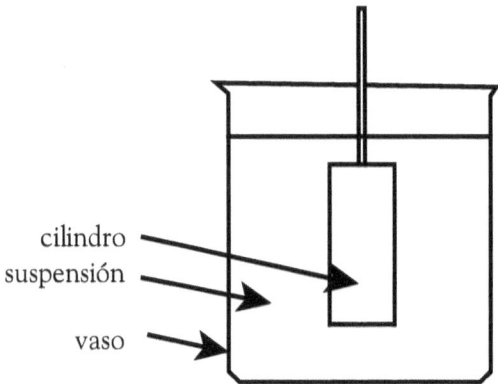

cilindro
suspensión
vaso

Figura 14.1.   El viscosímetro rotativo de mar infinito.

La figura 14.1 muestra un diagrama de tal viscosímetro. Si el diámetro del cilindro es de casi una pulgada o menor, un vaso de 400 ml trabaja bien para contener la suspensión. Esto proporciona un intervalo relativamente grande entre el cilindro y las paredes de vaso, de forma tal que los efectos de borde deben ser mínimos. A medida que el cilindro gira, la suspensión se cizalla entre la superficie exterior del cilindro y la superficie interior del vaso y se ve sometida a un conjunto particular de condiciones de velocidades de cizalladura definido por la combinación de cilindro y vaso que se usa para la medición. Para mantener estas condiciones fijas de una prueba a otra, debe usarse un tamaño único de vaso con cada cilindro para todas las pruebas.

Este tipo de viscosímetro está comúnmente disponible y se usa frecuentemente dentro de las compañías cerámicas. Estos viscosímetros normalmente ofrecen una variedad de velocidades rotativas así como una variedad de cilindros para cubrir los amplios rangos de viscosidad y tipos de medición.

Las RPM como la unidad para la velocidad de cizalladura

Hay las ecuaciones que presuntamente calculan las velocidades de cizalladura para cada condición particular de cilindro y rpm con este tipo del viscosímetro. Las velocidadesos de cizalladura aplicadas en todas las partes del "mar infinito", sin embargo, no son fijas. Como consecuencia, apenas si vale la pena calcular una velocidad de cizalladura aplicada que no sea universalmente aplicable a toda la suspensión. Por esta razón, el autor simplemente usa **rpm** como la unidad de medida de la velocidad de cizalladura para este tipo del viscosímetro. Las rpm rotativas están bien definidas y controladas por el viscosímetro. Aunque las velocidades de cizalladura que se aplican a la suspensión por el cilindro, así como la velocidad de cizalladura calculada, no pueden ser fijas, el valor de las rpm es exacto.

La velocidad de cizalladura aplicada es generalmente proporcional a la velocidad rotativa. Así cuando las rpm se duplican, la velocidad de cizalladura también se duplica, por lo tanto, usar las rpm como la unidad para la velocidad de cizalladura es una substitución razonable.

Una medición de 100 rpm en este tipo del viscosímetro se acerca bastante a las velocidades de cizalladura que pueden ocurrir dentro de los canales de un tubo. Tales mediciones están desde luego bien por debajo de las velocidades de cizalladura que se imponen dentro de atomizadores de secado. Estas rpm representan una velocidad de cizalladura típica que una suspensión verá a medida que se bombea alrededor de los procesos de una fábrica.

Los índices de rpm inferiores revelan viscosidades en estanques de almacenaje que se agitan lentamente. Índices de rpm mucho más inferiores revelan fenómenos más en reposo, tales como la viscosidad de una barbotina cuando se está vaciado en un molde. Las palabras claves aquí son: *"bastante cerca."* Si se requiere medir una viscosidad aparente a una velocidad de cizalladura muy precisamente controlada, este tipo del viscosímetro **no** es el recomendado, pero para medir viscosidades sobre los rangos de velocidad de cizalladura típicos del proceso (en esos está bastante cerca de las velocidades de cizalladura deseadas) y para medir las propiedades de reología en esos mismos rangos, este tipo de viscosímetro es excelente.

Algunas sugerencias

Aunque los efectos de bordes se pueden ignorar con este tipo de viscosímetro, los diferentes tamaños de vasos se combinan con los cilindros rotativos para imponer las condiciones diferentes en las suspensiones. No se debe esparar que una medición hecha en el centro de la superficie de un bídon de 55 galones corresponda exactamente a la medición del mismo fluido o suspensión hecha en un vaso pequeño. Los valores por supuesto deben ser bastante similares, pero puede que no sean idénticos.

La recomendación es escoger un tamaño de vaso único y sequirlo usando consistentemente. Si las suspensiones se preparan en una mezcladora de malteadas (o batido de leche) antes de cada medición, la copa de la mezcladora de malteadas se puede usar como el recipiente donde se hacen las mediciones o se pueden hacer en un recipiente de 400 ml, o puede que otro vaso sea también el apropiado. Escoja un vaso y entonces use ese mismo tamaño y configuración todo el tiempo.

Para la misma razón, las configuraciones de cilindros diferentes también se combinan con el vaso para producir diferentes condiciones de medición. A pesar de que los rangos de medición de los cilindros se superponen, dos cilindros diferentes no producirán necesariamente la misma medición de viscosidad a las mismas rpm. Un cilindro particular se debe designar como el cilindro normal que se usa para todas las pruebas. Si se deben usar cilindros diferentes, debe construir una base de datos para cada cilindro de forma tal que las mediciones pueden ser comparadas a condiciones de prueba similares.

Cuando la configuración de la medición tiene el cilindro completamente sumergido en la suspensión y sólo el eje atraviesa la superficie, no olvide poner una gota del agua en el punto donde el eje del cilindro pasa por la superficie del fluido. En pruebas con una duración larga, las burbujas superficiales, suspensión seca o nata, etc., pueden sujetar al eje y causar mediciones que crecen con tiempo. El objetivo es medir la viscosidad de la suspensión usando la superficie del cilindro sumergido y se debe tener en cuenta que el arrastre o resistencia que se causan por estructuras superficiales de la suspensión que sujetan al eje, pueden producir mediciones erróneas.

Viscosímetros de copa y cilindro (cup-and-bob)

Un paso más avanzado que el viscosímetro de "mar infinito" es el viscosímetro de copa y cilindro. En este tipo de viscosímetro los tamaños y geometrías de ambos, de la copa y del cilindro, son precisamente controlados.

Los copas deben ser mucho menores que los vasos usados en los viscosímetros del mar infinito. Los velocidades de cizalladura en este tipo del viscosímetro pueden ser bastante altas, y todo los fluidos, suspensiones, copas, y cilindros pueden calentarse a medida que las mediciones se hacen, por lo tanto es muy frecuente que se usen camisas de temperatura constante regrideradas con agua. La figura 14.2 muestra un diagrama de un viscosímetro de copa y cilindro.

Velocidad de cizalladura fija

Estos tipos de viscosímetros normalmente se diseñan de manera tal que las velocidades de cizalladura que se imponen en todo el fluido o suspensión en la zona de medición (el estrecho intervalo entre la copa y el cilindro) son fijas. Si una medición de este tipo de viscosímetro indica que ella aplica $100s^{-1}$, toda la suspensión en la zona de medición está expuesta a $100s^{-1}$ en el momento de la medición.

Al menos eso es lo que la teoría dice. Cada fabricante debe tener las explicaciones completas de los viscosímetros, accesorios y la teoría detrás de sus instrumentos en la documentación que distribuye. Refiérase a la documentación para los detalles específicos en las combinaciones de copas y cilindro específicas en cada instrumento.

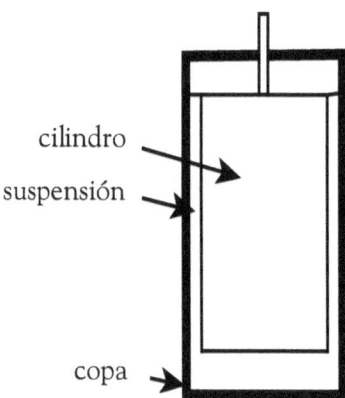

cilindro

suspensión

copa

Figura 14.2. Un viscosímetro de copa y cilindro.

Sin entrar en detalle en la teoría, es necesario señalar algunas cosas: La teoría dice que el velocidad de cizalladura en el intervalo entre la copa y cilindro se acerca a valores fijos a medida que el intervalo se hace más pequeño. Estos instrumentos normalmente se construyen con base en la suposición de que el intervalo es muy pequeño, así todo fluido en la zona de medición está expuesto a la misma velocidad de cizalladura fija instantánea.

Esto es bueno cuando el fluido que se va a medir es un líquido simple. ¿Pero qué sucede cuando se miderá una suspensión? Las partículas gruesas y los intervalos pequeños entre copas y cilindros no siempre trabajan bien cuando se juntan. Así que para prevenir tales problemas, los tamaños de intervalo frecuentemente se aumentan cuando se miden las suspensiones.

Bajo tales condiciones, las velocidades de cizalladura no son completamente constantes. El rango de las velocidades de cizalladura aplicadas dentro de la célula de medición, sin embargo, debe ser relativamente pequeño, así que la suposición de que las velocidades de cizalladura son fijas podría ser aceptable, pero esta pequeña distinción normalmente se pasa por alto. Muchos informes y presentaciones frecuentemente contienen reogramas que muestran viscosidades aparentes medidas a velocidades de cizalladura etiquetadas a un único valor asumiendo que es preciso. Algunas de estas mediciones en realidad representan viscosidades aparentes medidas a velocidades de cizalladura que incluyen un rango pequeño, pero finito, alrededor de ese valor fijo.

Esta observación no pretende sugerir que tales resultados sean malos, erróneos, o no sean útiles. Es simplemente para señalar que las mediciones hechas en suspensiones en los viscosímetros de copa y cilindro no pueden hacerse bajo las condiciones exactas e idealmente precisas implícitas en la teoría. Tales datos son bastante útiles y frecuentemente representan las mejores mediciones posibles en las suspensiones, especialmente a las velocidades altas de cizalladura que estos instrumentos son capaces de lograr.

Algunas sugerencias

Dado que los viscosímetros de copa y cilindro pueden alcanzar velocidades de cizalladura realmente altas, asegúrese de que el viscosímetro tenga un embrague bueno para proteger el motor si la suspensión que está midiendo se hace dilatante. Una cosa que nadie quiere hacer es arruinar un reómetro caro con una suspensión dilatante.

Siempre que sea posible, mire la superficie de la suspensión mientras que va haciendo las mediciones a velocidades altas de cizalladura. No es posible ver la suspensión cuando se cizalla entre la copa y el cilindro, pero a veces es posible ver la superficie de la suspensión en el punto más alto del espacio entre la copa y el cilindro. Si esta superficie cambia abruptamente de parecer húmeda cuando está siendo cizallada, a verse seca con un movimiento pequeño, puede ser una indicación que la suspensión entre la copa y cilindro ha alcanzado el estado de una obstrucción dilatante.

Si esto ocurre, puede que la suspensión no se esté cizallado de ninguna manera. Si una obstrucción se ha formado, puede estar simplemente deslizándose entre la copa y el cilindro. El reograma de este punto puede aparecer como si fuera Bingham. Si una obstrucción dilatante ha ocurrido entre la copa y cilinder, la fuerza de la fricción de la obstrucción dilatante deslizante crecerá a medida que hay aumentos en la velocidad de cizalladura. La cizalladura del fluido portador a las paredes causará que el esfuerzo cortante crezca a medida que la velocidad de cizalladura crece. En ambos fenómenos puede pasar que los esfuerzos medidos aumenten linealmente cuando la velocidad de cizalladura va creciendo y por lo tanto la suspensión puede aparecer como Bingham. Si las partículas en esa "suspension" están bloqueadas en una posición y no está siendo cizalladas, tales mediciones no tienen sentido.

No es posible ver lo que está sucediendo en realidad en la suspensión en la célula de medición de un viscosímetro de copa y cilindro. Si ocurre una obstrucción dilatante y no se descubre o pasa inadvertida, la interpretación de tales datos será incorrecta.

Otro punto a considerar se aplica a las viscosidades medidas cuando la rotación sólo comienza en el principio de una medición. Si el viscosímetro mide y dibuja las rpm del motor en vez de las rpm reales de la copa o del cilindro (cualquiera que sea el que gire), ocurrirán errores al principio de la medición.

El autor condujo un experimento en un viscosímetro de copa y cilindro que mostró este problema. Después de haber definido una aceleración relativamente lenta del cilindro desde el cero hasta cierto valor de rpm de valor nominal, el autor sostuvo el cilindro de una manera que impedía su rotación. El indicador de rpm aumentó de manera constante debido a la aceleración programada, aunque el cilindro no se estaba moviendo.

Este viscosímetro particular controlaba las rpm del motor en vez de controlar las rpm del cilindro. La suposición que se hacía era que los dos siempre son iguales. Esto generalmente es cierto y normalmente no es un problema, sin embargo, podría ser un problema si el viscosímetro se está usado para controlar y medir el comportamiento de gelación o la fortaleza del gel. Si la suspensión que se va a medir se prepara y se vierte en la célula de medición y después se deja en reposo durante 20 minutos antes de que la medición real empiece, los valores medidos en los primeros segundos de la medición (hasta que la estructura del gel se rompe y la suspensión comienza a ser cizallada) serán incorrectos.

Esto puede que no sea un problema en laboratorios donde los comportamientos de gelación no son de interés, ni tampoco aplica a todos los viscosímetros de este tipo, pero se el objeto de un instrumento particular es a medir la estructura del gel, este punto necesita considerarse.

Viscosímetro de cono y placa

Los viscosímetros de cono y placa se basan en la geometría simple de un cono invertido con su vértice en la superficie de una placa. Hay dos cosas buenas en este tipo de viscosímetro: (1) necesitan muestras muy pequeñas y (2) todo el fluido o suspensión en la zona de medición se somete a una velocidad de cizalladura fija. El tamaño pequeño de muestra es una ventaja grande porque se necesita poca suspensión y su limpieza es más simple. La figura 14.3 muestra un diagrama de un viscosímetro de cono y placa.

Los viscosímetros de cono y placa tienen la tendencia a ser caros. Este tipo de viscosímetro, sin embargo, puede lograr velocidades de

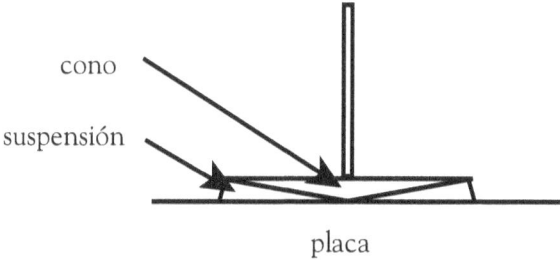

cono
suspensión
placa

Figura 14.3. Un viscosímetro de cono y placa

cizalladura relativamente altas y normalmente las placas pueden refrigerarse para mantener la uniformidad de la temperatura de la pequeña muestra.

Similar a la teoría de la geometría de los viscosímetros de copa y cilindro, la teoría del cono y placa dice que cuando el ángulo incluido entre el cono y la placa es muy pequeño, es decir, fracciones de un grado y el vértice del cono está muy cerca de la placa, todo el fluido entre el cono y la placa verá una velocidad de cizalladura única a cada rpm. De nuevo, esto trabaja bien al medir los fluidos simples.

El ángulo pequeño de cono a placa requerido es mucho menor que el que se ha mostrado en el diagrama. Cuando se diseña un cono para producir tal pequeño ángulo incluido entre el cono y la placa, se parece más a un disco plano que a un cono. El volumen de la muestra contenida en la zona de medición es bastante pequeño comparado con el de los otros dos viscosímetros rotativos ya discutidos.

En la práctica es una dificultad mantener una pequeña distancia relativamente fija entre el cono y la placa pero eso es necesario para lograr que la velocidad de cizalladura sea fija dentro del volumen total de la muestra. Los diferentes fabricantes manejan esto de forma distinta.

Cuando una suspensión se está midiendo, si el vértice del cono está cerca de la placa (que es como debe ser), existe la posibilidad de que algunas partículas puedan formar un puente entre las dos superficies y ocurran errores de medición. Tipicamente la solución para este problema es (1) aumentar la distancia entre el vértice del cono y la placa, o (2) truncar el cono. Truncar el cono significa pulir el vértice de manera que se convierta en una superficie plana. Ambas técnicas causan que la suspensión en la zona de medición se exponga a más de una velocidad de cizalladura a cada rpm. La suspensión al centro se somete a una velocidad de cizalladura relativamente baja, mientras que la suspensión cerca del perímetro del cono "ve" las tasas de cizalladura más altas .

De nuevo, éstas son las transformaciónes necesarias para permitir que los viscosímetros de cono y placa puedan medir viscosidades y reologías de las suspensiones de partículas, permitiendo que estos aparatos se puedan usar en una variedad amplia de fluidos y suspensiones. Tenga en cuenta que cuando alguna de estas condiciones se está usando para acomodar suspensiones en los viscosímetros de cono y placa, las velocidades de cizalladura indicadas son valores que representan un rango pequeño de tasa de cizalladura, en vez de un valor único y exacto que se ha impuesto en el volumen completo de la medición.

Las obstrucciónes dilatantes pueden ocurrir en viscosímetros de cono y placa así como en los viscosímetros de copa y cilindro. Los mismos comentarios y sugerencias mencionados en ese punto para los viscosímetros de copa y cilindro también se aplican a los viscosímetros cono y placa.

Viscosímetros capilares

En vez de medir viscosidades en un equipo y tratar de traducir los resultados en condiciones de proceso, puede ser más simple bombear la suspensión alrededor de la fábrica y medir las caídas reales de presión. Esta práctica tiene muchas ventajas y varios inconvenientes.

Los viscosímetros capilares son un paso en esta dirección. Los fluidos y suspensiones se bombean en tubos largos de diámetro muy pequeño y se mide la caída de presión requerida para lograr diferentes tasas de flujo. Los diferentes índices de flujo causan velocidades de cizalladura diferentes dentro de los tubos capilares y así se pueden medir las reologías cuando se usan dos o más índices de flujo (tasas de cizalladura).

Estos viscosímetros son mucho menos flexibles que cualquiera de los mencionados anteriormente. En particular son susceptibles a las obstrucciónes dilatantes y si una se forma, el tubo de viscosímetro se daña. Si este tipo de viscosímetro se está usado para medir las propiedades de una suspensión, necesariamente debe usarse a velocidades de cizalladura bajas.

Hay razones excelentes para usar los viscosímetros capilares; por ejemplo, se pueden lograr velocidades de cizalladura altas, pero medir suspensiones a tasas altas de cizalladura en los viscosímetros capilares no es aconsejable. Los tubos son demasiado caros para tener que cambiarlos frecuentemente debido a obstrucciones dilatantes.

Resumen

Aunque existen otros tipos de viscosímetros, los tipos más comunes que se usan para medir reologías de suspensiones son los de tipo rotativo.

Cada uno tiene sus ventajas y desventajas particulares. Algunos son fuertes y pueden resistir los entornos de proceso; otros son más delicados y más caros.

El autor recomienda la categoría general de los viscosímetros rotativos para usarlos con las suspensiones cerámicas. La decisión y especificación del tipo, fabricante y modelo que sea ideal para entornos de laboratorios o áreas de producción radica y depende de las necesidades y presupuesto de cada compañía.

Capítulo Quince

Control de reología
de la suspensión

Un tratado en reología para ceramistas no podría estar completo sin un capítulo sobre el control de reología de suspensiónes. Los controles se hacen de dos formas: (1) los controles de física de partículas y (2) los controles químicos. Para obtener propiedades óptimas de reología, **ambas** categorías necesitan controlarse, ajustarse y optimizarse.

La palabra *óptimo* implica que las propiedades de reología son perfectas o ideales; este caso nunca es real pues todos los técnicos conviven con suspensiones que no tienen propiedades enteramente optimizadas. Así pues que no espere que alguna suspensión alguna vez esté completamente optimizada, sin embargo, obtener esas propiesdades óptimas **siempre** es el objectivo. Cuando las propiedades de reología deben controlarse estrechamente, **ambas** categorías de ajustes químicos y físicos deben considerarse. Estas dos categorías se discutirán individualmente en este capítulo.

Controles de física de partículas

El tema de la física de partículas incluye las propiedades físicas de una suspensión tales como los contenidos de sólidos, la distribución de tamaño de las partículas, el área superficial, su capacidad de empacamiento, etc. Las habilidades de los proveedores para suministrar materiales particulados con propiedades fijas y las habilidades del personal de ingeniería para exactamente pesar y formular los lotes de producción son parte de lo que normalmente se considera como "controles de física de partículas."

Cuando este autor se refiere al control de las física de partículas, asume que cada una de las propiedades importantes de todos los ingredientes de una materia prima se están (1) midiendo y (2) alterando y/o ajustado como se requiere antes de la conformación de un lote para lograr unas propiedades fijas de la pasta de producción.

La mayor parte del control de las propiedades de física de partículas en lotes de producción ocurre hasta el punto en que los materialses partículados se mezclan en el lote. Si la distribución de tamaño de las partículas de un material en polvo o el área superficial específica de ese polvo son incorrectos, los ingenieros de producción tienen la oportunidad de hacer cambios antes de la conformación del lote. También pueden mezclar materiales de varios despachos para lograr las propiedades deseadas. Esto se aplica a cualquier propiedad física de cada ingrediente de la mezcla.

Después de que todos los componentes particulados han sido añadidos al lote, los ajustes de la física de partículas son menos importantes que los ajustes químicos. Después de la formación del lote, los ajustes de la física de partículas (aparte de los contenidos de sólidos) son raros. Cuando se usan tanques de almacenamiento y las capacidades de tales tanques lo permiten, varios lotes diferentes de producción pueden mezclarse para lograr las propiedades objetivo.

En las próximas secciones, se discutirán los efectos de varias de las propiedades más importantes de la física de partículas. Todas estas propiedades pueden ajustarse antes de la conformaciónes del lote y cuando sea necesario, aún después de dicha conformación pero con un mayor grado de dificultad.

Distribución de tamaño de partículas

La distribución de tamaño de las partículas de un material en polvo en una pasta cerámica es una de las propiedades más importantes que un ceramista tiene que controlar. Muchas propiedades de formación, propiedades de cocción y propiedades del material cocido son el resultado de establecer controles apropiados de la distribución de tamaños de las partículas. Las relaciones entre todas estas propiedades y la distribución de tamaños de partículas se combinan para formar un tema muy amplio.

Aquí se discutirán brevemente algunas de estas relaciones que se aplican a las propiedades de reología.

Empaquetamiento

Una de las propiedades de proceso más importantes que se ve afectada por la distribución de tamaño de las partículas (DTP) de un material en polvo es su capacidad para empacarse o empaquetarse.

Hablando en términos generales, mientras más amplia sea la DTP, es decir, más amplio sea el rango de tamaños representado en el polvo, de mejor manera se pueden empacar las párticulas. Distribuciones muy estrechas, en las que todas las partículas son esencialmente el mismo tamaño, se empacan pobremente. Obviamente, existen detalles muchos más importantes con respecto al empacamiento de partículas que sólo la amplitud del rango de la distribución. El empacamiento de partículas es un tema grande, complejo, que será (y ha sido[10]) discutido con más detalle en otra texto.

La capacidad fundamental de la fracción de polvo para empacarse densamente afecta las propiedades viscosas y la reología de las suspensiones.

Propiedades viscosas y reológicas

Cuando todas las partículas en una distribución son esencialmente del mismo tamaño (lo que se describe como una DTP *estrecha*), el empaquetamiento será pobre. Siempre que una DTP no puede empacarse bien, los contenidos de sólidos deben permanecer relativamente bajos para lograr las viscosidades aceptables de la suspensión. Las suspensiones conformadas por polvos con distribuciones de tamaño de partículas que empaquen bien pueden lograr las viscosidades aceptables a contenidos de sólidos mucho más altos.

Una DTP estrecha que no empaque de buena forma típicamente produce suspensiones con propiedades de reología dilatante aún a contenidos bajos de sólidos. Cuando tales suspensiones se fuerzan a contenidos de sólidos lo más altos posibles, se requieren niveles de alta defloculación para minimizar las viscosidades y sus características dilatantes pueden ser extremas.

Un DTP que empaque bien puede producir el rango entero de reologías, desde seudo plástico hasta dilatante, dependiendo de los contenidos de sólidos y la naturaleza y concentración de los aditivos químicos utilizados. Las suspensiones de contenidos de sólidos altos (considerablemente más alto que los que se pueden lograr con distribuciones que no empaquen de buena forma) pueden requerir defloculantes para lograr las viscosidades deseadas. Las suspensiones de los contenidos de sólidos altos, que estén altamente defloculadas, todavía tendrán la tendencía a ser dilatantes. Las suspensiones de viscosidad baja y de contenidos de sólidos bajos pueden requerir agentes de floculación para lograr los objetivos de viscosidad de producción y puede esperarse que se comporten como seudo plásticas.

Cuando las distribuciones de tamaño de las partículas se empaquetan bien, se puede usar un rango amplio de contenidos de sólidos para producir suspensiones con un amplio intervalo de viscosidades y un rango igualmente ancho de propiedades de reología (desde extremadamente seudo plástico hasta extremadamente dilatante). Cuando las distribuciones de tamaño de las partículas no tienen buen empaquetamiento, los contenidos de sólidos son normalmente bajos, las viscosidades pueden variar, pero las reologías tienen la tendencia a ser dilatantes.

Los fluidos portadores y el potencial de empaquetamiento

Hay dos usos para los fluidos portadores en las suspensiones: (1) los fluidos llenan los poros y (2) todo el fluido disponible que queda después de llenar los poros (el fluido portador de la *no-porosidad*) imparte fluidez.   Estas dos funciones se combinan con el potencial de empaquetamiento de un polvo para controlar la viscosidad de suspensión como una función de los contenidos de sólidos.

Por ejemplo, una distribución de polvo que empaque a un factor de 60% en volumen, definirá una porosidad de 40% del volumen. Una "suspensión" de este polvo a 60% en volumen de contenidos de sólidos no puede tener nada de fluidez porque el 40% del volumen de fluido sólo llenaría exactamente todos los poros. Todas las partículas todavía podrían tocarse y puede que no existiera ninguna fluidez y ninguna viscosidad medible.

Un polvo que puede empacarse a un factor de empaquetamiento de 90% en volumen, que produzca 10% en volumen porosidad, podría ser muy fluido en una suspensión de 60% en volumen de contenidos de sólidos porque el primer 10%vol del fluido llenaría los poros y el restante 30%vol de fluido separaría las partículas e impartiría fluidez.

Estos dos ejemplos muestran un caso donde 40% en volumen de fluido es insuficiente para producir fluidez en una "suspensión" y otro caso donde la suspensión a los mismos contenidos de sólidos podría ser muy fluida. En ninguno de los casos tenemos que mencionar las adiciones químicas. El empaquetamiento de partículas por se solo, tiene un gran efecto controlando las propiedades viscosas.

Para tomar este ejemplo otro paso más adelante, si justo un poco más de fluido es añade a esta "suspensión", en la que las partículas se estén tocando, las partículas se separarán un poco. Cada velocidad de cizalladura aplicada a esta suspensión tendrá la tendencia a producir la dilatancia porque las partículas están todavía realmente cerca unas de otras y las colisiones e interacciones dominan cuando la suspensión se somete a cizalladura.

Si un poco más de fluido portador se añade a la otra suspensión, que tiene ya bastante fluidez, esas partículas se separarán aún más y las viscosidades medidas disminuirán también. Con la distancia suficiente entre las partículas, las velocidades de cizalladura tendrán que ser bastante altas antes de que las partículas empiecen a reaccionar, chocar y producir cualquier efecto dilatante.

Estos dos ejemplos muestran muy claramente cómo la física de partículas sola puede afectar las propiedades de reología de suspensiones.

Área superficial

La física de partículas directamente controla las áreas de las superficies de los materiales particulados. A medida que el tamaño de las partículas disminuye, las áreas de las superficies de las partículas por unidad de masa del material, crecen substancialmente. Para cambiar el área superficial de un polvo, sólo se tiene que cambiar su distribución de tamaños de partículas. El Área Superficial Específica de masa (ASE, o en inglés SSA) es el área superficial por un gramo del polvo. El Área Superficial específica por Volumen (ASV, o in inglés VSA) es el área

Control de reología de la suspensión

Tabla 15.1 Las relaciones entre el tamaño de partículas, número de partículas, y las áreas superficiales (para partículas esféricas).

Diámetro (μm)	Área superficial por la partícula (m²)	Número de partículas por cm³ real de polvo	Área superficial por cm³ real de polvo (m²)
10 000.	0.31×10^{-3}	1.9×10^{0}	0.000 597
1 000.	0.31×10^{-5}	1.9×10^{3}	0.005 97
100.	0.31×10^{-7}	1.9×10^{6}	0.059 7
10.	0.31×10^{-9}	1.9×10^{9}	0.597
1.	0.31×10^{-11}	1.9×10^{12}	5.97
0.1	0.31×10^{-13}	1.9×10^{15}	59.7
0.01	0.31×10^{-15}	1.9×10^{18}	597.

superficial por centímetro cúbico del polvo. En la industria, el ASE de masa de los polvos y el porcentaje de masa de aditivos químicos son dos parámetros que se usan comúnmente.

La tabla 15.1 muestra las relaciones entre el diámetro de partícula, el área superficial por partícula, el número de partículas por cm³ real de polvo, y el área superficial por cm³ real del material.

Los aditivos químicos reaccionan con, o se adsorben en las superficies de polvos. Cantidades fijas de los aditivos (añadidos como % de masa del material presente) lograrán un rango de diferentes coberturas (densidades por unidad de área) en las superficies de polvo de un lote a otro, a medida que las distribuciones de tamaño de las partículas y los valores de ASE varían.

Esto puede ser una relación más bien compleja porque las distribuciones de tamaño de las partículas afectan las viscosidades y reologías y las áreas superficiales presentes entonces también afectan la cobertura y eficiencias de las adiciones químicas que se usan para ajustar las viscosidades y reologías.

El control de sólo la DTP permite que la ASE pueda ser diferente de lote a otro, pero controlar únicamente la ASE puede dejar que la DTP también sea diferente de un lote a otro. Ambas características afectan las propiedades de viscosidad y de reología, entonces el desempeño óptimo se puede lograrse cuando ambos, la DTP y el ASE se controlan al tiempo.

Esto requiere controles muy estrictos y precisos del proceso. Sin tales controles, es fácil tener propiedades viscosas y de reología que varían de lote al lote debido a variaciones de la física de las partículas.

Propiedades superficiales

Una propiedad final de la física de partículas que se debe considerar es la naturaleza de las superficies. Ciertos materiales particulados pueden tener las superficies relativamente lisas y otros pueden tener superficies que sean rugosas o ásperas. Esta propiedad no se controla fácilmente por el usuario final. Si se puede demostrar que las texturas superficiales son un problema, la solución es hablar con el proveedor para eliminar las variaciones de las propiedades superficiales.

En una fábrica, los materiales particulados secos de un proveedor particular normalmente fluían bien, pero una que otra vez llegó un lote donde las superficies eran realmente ásperas y los materiales no fluyeron bien. Los ángulos del reposo del material seco en esos lotes eran muy diferentes de aquellos en estado normal. En la mayor parte de los casos, cuando una copa llena del polvo se vertía en una pila en el centro de una mesa, el cono del material resultante era bastante bajo porque las partículas fluían bien y se creaba un cono con un diámetro de la base relativamente grande y una altura baja en el centro. Ciertas muestras de material particulado, sin embargo, produjeron conos relativamente altos y con diámetros muchos menores en sus bases. Estos polvos no fluyeron bien. Las superficies de las partículas eran muy ásperas en comparación al estado normal de ese material particulado.

Se determinó que cuando los polvos secos no fluían bien, tampoco las suspensiones hechas con esos mismos productos tampoco tenían buenas propiedades de flujo y los rendimientos de la producción disminuyeron.

Todas las propiedades que se median de manera rutinaria en todos estos materiales estaban dentro de las especificaciones. Este problema sólo se hizo evidente cuando se buscó una prueba que mostrara las diferencias entre las muestras. Seguido a la identificación de la textura superficial como un problema, la prueba del ángulo de reposo se añadió a los otros ensayos de rutina. Sólo hasta que se identificó esta prueba, era aparente que algunos de los materiales particulados se comportaban diferentemente que el material "normal" y su procesamiento era más difícil, pero ninguna de las otras mediciones de rutina mostraba todas las diferencias entre los distintos materiales particulados.

El cliente hizo consciente al proveedor de este problema y aquél lo resolvió. Cuando el cliente le notificó este problema, el proveedor ejecutó la prueba, identificó el problema, estudió su proceso e incorporó los cambios apropiados para prevenir la repetición de los problemas superficiales de aspereza.

El aspecto interesante de esta historia es que el cliente aprendió que sus especificaciones "apretadas" (o de rango estrecho) no cubrían todas las propiedades importantes. Cuando reconocieron que las superficies del material podían causar problemas, buscaron y aprendieron qué prueba identificaría este problema y entonces comunicaron el información al proveedor.

¿Cuántas compañías tienen problemas que aparecen y desaparecen de manera aparentemente aleatoria debido a que las especificaciones de los materiales no definen todas las propiedades apropiadas? Esta es una pregunta interesante y un problema difícil de resolver. Es mucho más fácil que se identifique una propiedad (y una prueba de rutina) que no es necesario especificar de las propiedades deseadas de un mineral, que identificar una propiedad específica (y una prueba para caracterizarla) que hace falta y debe incluirse en la lista de especificaciones.

Cada problema que aparezca aleatoriamente podría tener una prueba única que pueda identificar, caracterizar y seguir la pista de la aparición de dicho problema. Algunas de tales pruebas podrían caracterizar las variaciones de la física de partículas, como en este caso. Ciertas pruebas podrían aplicarse a los controles de aditivos químicos que se discutirán después.

Los controles de los aditivos químicos

La utilización de los aditivos químicos forma la segunda categoría de los principales controles de la reología de las suspensiones. Estos tipos de ajustes son normalmente los ajustes finales de control que se le hacen a las suspensiones. No importa si algunas propiedades de la física de partículas están causando los problemas o si la química interpartículas no está en equilibrio, las adiciones químicas normalmente se usan para arreglar todos esos problemas. Esta discusión se abrirá en tres categorías: pH, defloculantes y floculantes.

pH

El pH de suspensiones es importante porque cada material particulado tendrá un punto isoeléctrico (IEP, por sus siglas en inglés) a un pH controlado por la composición del mismo material. El *punto isoeléctrico* es el pH al que las cargas superficiales electrostáticas en las superficies limpias en el material, son cero. Los materiales particulados típicamente se floculan al punto isoeléctrico y se defloculan a medida que el pH crece o disminuye alejándose del IEP.

Dependiendo de la naturaleza y las concentraciones de las impurezas que estén presentes en el material, el pH de la suspensión puede fluctuar de lote a lote. El pH es una de las primeras propiedades de la química interpartículas del fluido que se debe verificar para controlar la reología de suspensión.

Muchos productos químicos defloculantes trabajan mejor a pH alto y muchos se transportan en solución a pH alto. El añadir tales defloculantes normalmente causa que el pH de la suspensión cambie. Si los aditivos que se usan en un proceso trabajan mejor en un entorno de un pH particular, puede ser necesario o ventajoso ajustar el pH de suspensión antes de añadir los defloculantes o floculantes.

Cuando dos o más adiciones se combinan en una suspensión, es aconsejable que se verifique su compatibilidad. El autor conoce un proceso que requería cuatro adiciones. Una de las adiciones supuestamente sólo se debía usar a valores de pH por encima de 8 y un otro de los aditivos era sólo usarse supuestamente a valores de pH debajo de 7. Este proceso claramente tiene problemas potenciales.

Muy frecuentemente también ocurre que las adiciones son los ingredientes más caros en una pasta cerámica. Los productos químicos que ajustan pH usualmente son menos caros que muchos agentes de floculación y defloculación. A veces la eficiencia de los agentes de floculación y defloculación se puede aumentar simplemente ajustando primero el pH de la suspensión. Si el hacer los cambias de pH permite que se usen concentraciones inferiores de otros aditivos para lograr los objetivos del proceso, desde luego vale la pena que esto se considere. Un buen ejemplo es que al añadir NaOH para levantar el pH se puedan usar porcentajes pequeños de defloculantes y que esto pueda ser una mejor vía en términos de costo beneficio para producir un resultado de reología mejor que lo que se pueda lograr con concentraciones más altas de defloculantes sin adiciones de NaOH.

Defloculantes

Muchos productos químicos defloculantes son polímeros orgánicos. Tales productos están diseñados para deflocular mediante la mejora de las cargas superficiales electrostáticas de los materiales y por proporcionar lubricidad durante las colisiones entre partículas, además de que proporcionan los estratos estéricos que ayude para prevenir floculación. Los polímeros forman una barrera fisica que impiden que las partículas se toquen y previniendo asi la floculacion.

Cuando los defloculantes orgánicos se añaden a las suspensiones acuosas, los polímeros normalmente son adsorbidos en las partículas por el *efecto hidrfóbico*. Esto ocurre porque las composiciones fundamentales de las adiciones orgánicas son normalmente *hidrofóbicas*, es decir, odian al agua. Desde un punto de vista de energía, el agua trata de forzar los productos químicos orgánicos fuera de la solución empujándoles hacia una superficie de partícula. El efecto hidrofóbico es generalmente más fuerte que las fuerzas electrostáticas lo que permite que cuando una adición es electrostáticamente negativa y las partículas son también electrostáticamente negativas, las adiciones pueden todavía adsorberse en las partículas y cubrirlas debido al carácter hidrofóbico de las adiciones.

Cuando los defloculantes aniónicos se adsorben en superficies electrostáticas positivas, las cargas netas superficiales positivas se cancelan rápidamente y las superficies se vuelven electrostáticamente negativas. Dependiendo de la estructura y composición de los defloculantes, el efecto hidrofóbico puede causar que los defloculantes aniónicos se adsorban en superficies electrostáticas negativas y aumenten sus densidades de carga negativa.

El silicato sódico es el miembro primario de la categoría de los conocidos como los *defloculantes inorgánicos*. Es una aditivo soluble inorgánico que funciona como un defloculante, principalmente porque retira los cationes solubles de floculación tales como Mg^{++}, Ca^{++}, y Al^{+++}.

Los floculantes orgánicos e inorgánicos funcionan de manera distinta y producen propiedades diferentes en la suspensión. Cuando están presentes en la suspensión niveles altos de floculantes catiónicos, el silicato sódico puede combinarse con ellos para producir silicatos insolubles que se precipitan y se neutralizan. Una vez los cationes de floculación han sido precipitados como silicatos insolubles, no quedan disponibles para influir las propiedades electrostáticas de suspensión.

Los defloculantes orgánicos tipicamente **no** retiran los cationes de floculación (a menos que se etiqueten específicamente como agentes de quelatación.) Los defloculantes orgánicos pueden restringir tales cationes o enmascaran sus efectos revistiéndoles (como una mano o capa de la pintura oculta el color natural de la madera.) Bajo la influencia de la dispersión de alta intensidad (DAI), los cationes de floculación y los polímeros de defloculación pueden liberarse una vez más en la sopa interpartículas, donde quedan libres de nuevo para adsorberse en las superficies de partícula y generalmente mueven las propiedades de suspensión hacia el equilibrio cuando se quitan o suspenden las condiciones dispersión de alta intensidad (DAI).

Cuando los cationes de floculación se precipitan como silicatos insolubles, la DAI no puede disolverlos. Cuando los cationes de floculación se remueven con defloculantes inorgánicos, tales como el silicato sódico, no quedan disponibles para afectar el equilibrio de carga electrostática interpartículas. Una vez que se quitan por precipitación, no vuelven a actuar. Esta característica es una de las diferencias principales entre las adiciones orgánicas e inorgánicas.

Estos ejemplos muestran que los dos diferents tipos de defloculantes se comportan en vías fundamentalmente diferentes. En sistemas relativamente en reposo, esas diferencias podrían no aparecer, pero cuando las suspensiones se exponen a alta intensidad de condiciones de cizalladura, esas diferencias pueden llegar a ser muy aparentes.

Existe una preocupación cuando se usa la DAI durante el proceso y es que puede romper los defloculantes poliméricos orgánicos de cadenas largas en cadenas de longitudes menores. Muchos de los defloculantes orgánicos son polímeros ionizables. La mayor parte de tales defloculantes se producen en una variedad de longitudes de cadenas (una variedad de pesos moleculares). Cada proceso que usa tales defloculantes normalmente requiere un promedio muy específico de longitud de cadena para lograr la efectividad óptima del defloculante. Cuando los defloculantes orgánicos se han escogido y usado a sus longitudes de cadena óptimas, las condiciones de DAI pueden romper las cadenas, cambiar sus longitudes medias y volver los defloculantes menos efectivos.

Los deflocculantes deben ser efectivos a concentraciones de unas pocas décimas porcentuales. Hablando en términos generales, si se requieren adiciones de uno o dos por ciento, el aditivo debe ser considerado ineficiente y debe buscarse otro. Existen excepciones para este caso por supuesto. La naturaleza de la adición, la función que se quiera lograr, el tipo del proceso en el que se usará y el entorno de cizalladuras al que estará expuesto, son factores que deben tomarse en consideración en la decisión de si una adición es efectiva con relación a su costo o no.

Floculantes

Muchos floculantes son sales solubles inorgánicas de cationes bivalentes tales como Ca^{++} y Mg^{++}. Estos iones floculan al cancelar las cargas electrostáticas superficiales negativas y permitir que las fuerzas de atracción de Van der Waals dominen.

Dado que estos floculantes funcionan en el ámbito electrostático, se debe que prestar atención a las conductividades del fluido interpartículas. Las atracciones y repulsiones electrostáticas entre las partículas trabajan bien en entornos donde las conductividades del fluido son bajas. A medida que las conductividades del fluidos aumentan, las fuerzas electrostáticas tienen cada vez menos influencia en las propiedades de la suspensión.

Esto es un punto importante porque algunos pueden considerar adicionar de manera alternada silicato sódico (defloculante) y cloruro de calcio (floculante) para cancelar uno con otro. Si se ha añadido demasiado defloculante, se le puede cancelar añadiendo más floculante y viceversa.

Cuando se examinan las ecuaciones de esta reacción, el calcio puede cancelar en realidad (y precipitar) el silicato, y viceversa, pero los iones restantes, Na^{+} y Cl^{-}, aumentarán la conductividad del fluido interpartículas. La efectividad de los cargas electrostáticas de las partículas disminuirá rápidamente y desaparecerá a medida que las concentraciones de Na^+ y Cl^- y conductividades, se incrementan.

A medida que la conductividad de los fluidos interpartículas aumenta, los aditivos pierden su efectividad y las partículas se floculan debido a fuerzas Van der Waals. Cuando esto ocurre, los defloculantes y floculantes adicionales causan que las viscosidades de la suspensión se aumenten.

Concentraciones altas de aditivos

Es necesario reforzar un punto debe con respecto a las concentraciones altas de defloculantes y floculantes. Las altas concentraciones de una u otra categoría de adiciones pueden actuar como la categoría opuesta, es decir, concentraciones altas de floculantes pueden deflocular y concentraciones altas de defloculantes pueden flocular la suspensión.

Las concentraciones altas pueden ser el resultado de muchas adiciones químicas pequeñas en el transcurso del tiempo, hasta que las concentraciones totales se vuelven valores relativamente altos. Las concentraciones altas pueden producirse también por una adición rápida que se hace a un tanque grande. Si dichas adiciones no se dispersan completamente, puede haber localizaciones puntuales con la suspensión puede que no "vea" ninguna concentracion del aditivo, se es que alcanza algún nivel.

Cuando sea posible, las adiciones químicas deben ser mezcladas en las suspensiones en un tanque de disperión (en inglés, un "blunger".) Los impulsores en tanques de almacenamiento no están diseñados para dispersar productos químicos sino para proporcionar recirculación para prevenir sedimentación. Desafortunadamente muchos aditivos se introducen en suspensiones en los tanques de almacenamiento. Bajo tales circunstancias, es fácil de producir las zonas con concentraciones relativamente altas de aditivos que pueden tomar muchas horas para dispersarse completamente en todo el volumen del tanque. Regiones de la suspensión con adiciones localmente concentradas pueden formar rocas que se asientan al fondo del estanque y nunca se dispersan. Este caso se ve especialmente el tanques de almacenamiento con agitación muy suave.

Si es posible recircular una suspensión por un dispersor continuo de alto intensidad (DCAI) y que se envíe de vuelta al tanque, el mejor lugar para añadir los aditivos químicos es en la tubería en el punto de entrada del DCAI. Esto no sólo dispersa bien las adiciones sino que lo hace rápidamente.

Procesos de añejamiento

Dependiendo del nivel de agitación y la naturaleza de los ingredientes del material particulado, puede que se requiera añejar la suspensión para lograr su estabilidad. Cuando se usan dispersores de relativamente baja intensidad en mezcladores y tanques de almacenamiento, las suspensiones pueden requerir varios días para alcanzar equilibrio. Tales suspensiones frecuentemente se caracterizan porque las viscosidades en los tanques de almacenamiento migran diariamente a valores más altos o más bajos. Cuando se introducen más en dichos tanques para ayudar a estabilizar tales suspensiones, las viscosidades pueden continuar evolucionando a medida que la suspensión se mueve hacia el equilibrio durante los siguientes días.

La alternativa es que cuando la dispersión de intensidad alta (DAI) se usa durante el procesamiento de lotes de producción, la necesidad de añejamiento se puede minimizar. Si a las suspensiones se les da un tratamiento severo en el dispersor o mezclador principal (más severamente de lo que experimentarían en alguna otra parte del proceso) todas las partículas viajan de manera individual y el estado final de equilibrio de la suspensión se puede lograr relativamente rápido.

Hay una filosofía de procesamiento que aboga porque se usen tamaños de lote tan pequeños en los dispersores como sea posible. También se aboga porque se use la menor agitación posible en los tanques de almacenamiento para no perturbar las propiedades de la suspensión (especialmente las viscosidades) durante el corto tiempo de residencia de la suspensión hasta que se puede enviar al proceso. Esta filosofía generalmente no trabaja. Si tales niveles limitados de agitación se logran en la realidad, las suspensiones no estarán suficientemente mezcladas para lograr la uniformidad ni la estabilidad.

Si en el dispersor inicial hay suficiente agitación para empezar el proceso de mezcla y se la agitación del tanque de almacenamiento es suficiente para recircular las suspensiones correctamente, el añejamiento puede liberar partículas lentamente de modo que viajen como individuos. Cuando esto sucede, la viscosidad estará cambiando constantemente porque partículas recientemente liberadas se moverán en el entorno del fluido interpartícula y la naturaleza fundamental de la suspensión cambiará diariamente. Este proceso de envejecimiento puede tomar desde días hasta semanas para llegar a término.

Las condiciones de dispersión de intensidad alta pueden imponer cantidades enormes de energía de dispersión mecánica en una suspensión en un período corto de tiempo. Las condiciones de DAI se definen como las velocidades periféricas del borde del agitador (el borde externo del disco del agitador o de la paleta de ataque del mismo) mayores que 1524m/min (5000 pies por minuto). Un impulsor de 10cm de diámetro que functiona a alrededor de 5000 rpm produce condiciones suficiente de DAI para mezclar un cubo de 5 galones de la suspensión en el laboratorio. Cuando se exponen a condiciones de DAI, las suspensiones que están a temperatura ambiente suben rápidamente en temperatura más allá de los 70°C. Las temperaturas altas de suspensión cuando se termina la DAI son un indicador excelente de que el proceso ha sido exitoso.

Los sistemas de DAI de producción requieren motores grandes para producir las condiciones muy intensas que puedan substituir varios días del añejamiento.

Ingredientes parcialmente solubles

Ciertos materiales usados en las pastas cerámicas para formación son parcialmente solubles. Aún cuando los niveles de su solubilidad sean pequeños, los cationes solubles pueden entrar en solución sobre períodos varios días causando cambios de viscosidad.

Esto puede suceder en ambos direcciones, floculando y defloculando. La dolomita, por ejemplo, pone iones de calcio y magnesio lentamente en la solución haciendo que las pastas se floculen con el tiempo. La sienita nefelínica libera iones de sodio lentamente en la solución haciendo que las pastas se defloculen con el tiempo. Una solución a tales problemas es reemplazar estos materiales (si eso es posible) con otras materias primas. Cuando tales materiales deben usarse, pueden requerirse ajustes frecuentes con aditivos químicos para mantener las propiedades deseadas de viscosidad y de reología.

A veces, y esto puede requerir de cierto grado de suerte o ser un descubrimiento fortuito, dos materiales se pueden balancear mutuamente. Si los efectos de floculación de los iones que se están disolviendo de un mineral se contrarrestan por los efectos de defloculación de los iones que se están disolviendo de un otro mineral y los índices de disolución de los dos son casi el mismo, puede aparecer una situación gana-gana (en inglés, "win-win").

Uno necesita prestar atención a la solubilidad de todas las materias primas. La mayor parte de las materias primas cerámicas son insolubles en el agua y eso es lo deseable cuando se están usando suspensiones acuosas. Cuando es necesario usar materiales parcialmente solubles, preste atención a ese hecho y está preparado para hacer ajustes a las suspensiones de producción diariamente.

¿Ataca los síntomas o la causa?

Cuando las reologías o las viscosidades de una suspensión necesitan ajustarse, es práctico saber la fuente del problema que causó los cambios de viscosidad. Cuando se sabe la fuente del problema, éste se puede arreglar.

Las altas viscosidades de suspensión pueden ser el resultado de controles inapropiados de la física de partícula o de los aditivos químicos. La típica solución de producción es arreglar el problema ajustando las viscosidades con aditivos químicos. Los aditivos químicos no siempre pueden corregir viscosidades o reologías de producción debidos a problemas causados por la física de partícula.

En un lote de producción de un día, si la distribución de tamaño de las partículas es estrecha, empaca pobremente y causa que la viscosidad se aumente, los defloculantes pueden reducir la viscosidad hasta niveles apropiados, pero la reología se volverá más dilatante a medida que la concentración de los defloculantes crece. Si en el lote del próximo día, la distribución de tamaños de las partículas se ensancha un poco, se empaca mejor y disminuye la viscosidad, los floculantes pueden subir la viscosidad hasta niveles apropiados, pero la reología se volverá menos dilatante y más seudo plástica con la adición de los floculantes.

Estos dos casos se pueden producir por variaciones en la distribución de tamaño de las partículas de un día para otro. El resultado puede ser una suspensión más dilatante un día y una suspensión más seudo plástica el día siguiente. Note que cuando las suspensiones en este ejemplo se ajustan a unas viscosidades de producción fijas para una velocidad de cizalladura particular, sus reologías de producción cambian.

El punto de este ejemplo es mostrar que variaciones de viscosidad en una suspensión de producción, aún cuando fueron causados por las variaciones de física de partícula, normalmente se ajustan usando los aditivos químicos. Es necesario repetirlo: **Aún cuando las variaciones de física de partícula causar los problemas de viscosidad y de reología, los ajustes a las propiedades de la suspensión usualmente se hacen usando aditivos químicos.** También, cuando las variaciones químicas causan problemas de viscosidad y de reología, los ajustes a las propiedades de la suspensión se hacen usando los aditivos químicos.

Muchos intentos de corregir los problemas de viscosidad de suspensión, a pesar de la causa, se hacen usando ajustes de aditivos químicos. Este tipo de solución frecuentemente ataca los síntomas, sin hacer todos los cambios reales al problema fundamental. Ésta puede ser una vuena solución temporalmente, pero la solución a largo plazo requiere que se identifique la fuente del problema. Con la fuente del problema identificada, pueden aplicarse las correcciones apropiadas.

Resumen

Tanto la física de partículas como los aditivos químicos tienen efectos principales en las viscosidades y en las reologías de la suspensión. Cuando la viscosidad o la reología de una suspensión de producción están fuera de especificación, se debe intentar determinar la causa. Con demasiada frecuencia se ataca el síntoma (viscosidad o reología por fuera de especificaciones) con ajustes de aditivos químicos, mientras que el problema fundamental se pasa por alto.

El control inapropiado de la física de partículas o de la química de adición en las suspensiones puede producir resultados desastrosos. Una química interpartícula ideal se puede arruinar por física de partícula inapropiada y las propiedades de la física de partícula se pueden arruinar por química con ajustes inapropiados. Ambas, la física de partículas y la química interpartículas deben considerarse y optimizarse para lograr viscosidad y reología óptima en las suspensiones de producción.

Referencias

1. Webster's Seventh New Collegiate Dictionary, G. & C. Merriam Company, Springfield, MA (1965).

2. Einstein, A., Investigation of the Brownian Movement, Dover, NY (1956). (Investigación del movimiento Browniano)

3. Hafaiedh, A., "Computer Modelling of the Rheology of Particulate Suspensions," Alfred University, PhD Thesis (1988). (Modelo de computadora de la reología de las suspensiones de partículas)

4. Bedeaux, D., "The Effective Viscosity for a Suspension of Spheres," *J. Coll. Int. Sci.*, 118 80-90 (1987). (La viscosidad efectiva para una suspensión de esferas)

5. Robinson, J.E., "The Viscosity of Suspensions of Spheres," *J. Phys. & Coll. Chem.*, 53 1042-1047 (1949). (Viscosidades de suspensiones de esferas)

6. Everson, G.F., Rheology of Disperse Systems, pp. 61, Pergamon Press, London (1959). (Reología de sistemas dispersados)

7. Funk, J.E., and Dinger, D.R., Predictive Process Control of Crowded Particulate Suspensions Applied to Ceramic Manufacturing, Kluwer Academic Publishers, Boston, MA, pp. 452-453 (1994). (El control predictivo de procesos de suspensiones congestionadas de partículas aplicado a la manufactura cerámica)

8. Funk, Professor James E., private communications. (Conversaciones privadas)

9. Funk, J.E., and Dinger, D.R., *op. cit.*, 699-710.

10. Funk, J.E., and Dinger, D.R., *op. cit.*, 37-120.

Glosario

Aditivos químicos – El paquete completo de aditivos químicos incluye varios productos químicos (floculantes, defloculantes, amalgamadores o ligantes, etc.) que se añaden a las suspensiones para controlar sus propiedades.

Añejamiento – Cuando una suspensión se almacena para permitir que transcurra el tiempo necesario para alcanzar el equilibrio, se considera como el proceso de añejamiento. Durante ese tiempo pueden ocurrir la deslaminación, desaglomeración, y el posicionamiento dinámico de todos los iones y productos químicos en el fluido entre las partículas. Todos los cambios mencionados ocurren en la dirección general del logro de un sistema de equilibrio en el que las propiedades de suspensión son estables con el tiempo. Esto ocurre sobre un período de varios días dependiendo de los procedimientos de dosificación, las intensidades de dispersión y la velocidad de la agitación en los tanques de almacenamiento.

Barbotina – Vea *pastas* (*Slip* en Inglés).

Coloides – Las partículas coloidales se definen como aquéllas con diámetros menores de 1 micrón (*micra* – 1μm).

Defloculante – Esta categoría de productos químicos incluye ambos tipos de adiciones orgánicas e inorgánicas que defloculan una pasta.

Deflocular – Para deflocular una suspensión, se definen una condición mediante el uso de aditivos defloculantes, que hacen que todas las

205

partículas se repelan mutuamente. Cuando partículas se sitúan unas de las otras tan lejos como sea posible, viajarán como individuos y las viscosidades de las suspensiones serán relativamente bajas. La gelificación normalmente no ocurrirá en las suspensiones bien defloculadas.

Dispersión de alta intensidad (DAI) – Las condiciones de dispersión de altaw intensidades se definen como la mezcla de suspensiones usando velocidades periféricas del rotor de 5000 pies/min o más.

Dispersión continua de alta intensidad (DCAI) – En este tipo de dispositivo se somete a las suspensiones a condiciones de DAI a medida que fluyen continuamente a través del equipo. Tipicamente, se bombea la suspensión en un dispersor continuo de alta intensidad (abreviado también como DCAI) y el retorno de la suspensión vuelve al tanque de proceso. Vea también **Dispersión de alta intensidad.**

Efecto hidrófobo o hidrofóbico – El efecto hidrófobo ocurre cuando el agua empuja los productos químicos orgánicos hidrófobos hacia la superficie más cercana (por ejemplo, a la interfase entre el fluido y la atmósfera o entre el fluido y una partícula). Termodinámicamente, las moléculas de agua prefieren estar unidas a otras moléculas de agua. Como consecuencia, tratan de minimizar su contacto con los productos químicos orgánicos hidrófobos. Este efecto es más fuerte que las fuerzas repulsivas electrostáticas y por lo tanto, los aditivos quimicos orgánicos con cargas negativas electrostáticas se pueden ver forzados a estar sobre partículas con cargas negativas electrostáticas en la superficie a pesar de tener el mismo tipo de carga electrostática.

Esfuerzo cortante – El esfuerzo cortante es la fuerza de cizalladura por área de aplicación requerida para cizallar un fluido o suspensión a una tasa o índice particular. Para medir las viscosidades, muchos viscosímetros imponen una velocidad de cizalladura en un fluido y miden entonces los esfuerzos de cizalladura resultantes. Las unidades de ingeniería típicas para el esfuerzo cortante son el **psi.** El Pascal (**Pa**) es la unidad típica dentro del Sistema Internacional, SI.

Esfuerzo de cedencia, esfuerzo de cesión (*yield stress* en Inglés) – El valor del esfuerzo de cesión caracteriza la fortaleza de la estructura de gel de una suspensión en reposo. El esfuerzo de cesión de una suspensión es el esfuerzo al que debe ser sometida para que el flujo comience. Antes de que el flujo haya comenzado, cualquier esfuerzo aplicado que sea menor que el esfuerzo de cesión, puede causar deformación elástica a la estructura de gel pero ningún flujo; tampoco ocurre un nuevo arreglo de las partículas suspendidas o de las moléculas de fluido. Una vez los esfuerzos exceden el esfuerzo de cesión, el flujo puede ocurrir y los esfuerzos aplicados pueden disminuir hasta valores inferiores al esfuerzo de cesión. Cuando flujo se detiene, la gelificación reconstruirá la estructura y el esfuerzo de cesión retornará. Sin esfuerzo de cesión, un objeto cerámico formado no sería capaz de mantener su forma.

Espacio entre particulas – Vea **Separación Ínter Partícula.**

Estorbo estérico o barrera estérica – La palabra *estérico* sugiere que éste es un fenómenos *espacial*. El estorbo estérico ocurre cuando las partículas se cubren con aditivos y estos previenen que las partículas se acerquen una a otra o se toquen. Aún si los revestimientos de dos partículas se tocan, las superficies de las partículas todavía están separadas una distancia igual a la suma de los espesores de los dos revestimientos o cubiertas. Esto es *el estorbo estérico*.

Estructura de gel 3-D o tridimensional – La estructura tridimensional es la estructura completa que forma a lo largo del volumen entero de una suspensión a medida que las partículas se floculan. Dado el tiempo suficiente, todas las partículas libres en una suspensión floculada se inmovilizarán en esta estructura.

Física de partícula – Todas las propiedades de polvos y suspensiones que se relacionan con las propiedades físicas, tal como distribución de tamaños de partículas, el área superficial, empaquetamiento, aspereza de las superficies, etc., se consideran propiedades de físicas de partícula.

Floculante – Un floculante es un aditivo químico que causa que las partículas en la suspensión ejerzan atracción unas a otras y se floculen.

Flocular – Cuando las partículas se floculan, se atraen la una a la otra por las fuerzas de Van der Waals y forman estructuras de partículas de fuerzas débiles conocidas como flóculos. En las suspensiones, los flóculos de partículas pueden viajar en conjunto hasta que se rompen por las fuerzas de cizalladura. Cuando velocidades de cizalladura disminuyen, las fuerzas atractivas que siempre están presentes tiran las partículas una hacia otra y se floculan una vez más en grupos de partículas. En suspensiones de contenidos de sólidos altos que quedan en reposo, la floculación fuerza todas las partículas y flóculos en la estructura tridimensional grande y continua de gel que se extiende por todo el volumen de la suspensión.

Flóculo (*floc* en Inglés) – Un flóculo es un grupo de partículas débilmente ligado, es decir, unidas por fuerzas débiles. La gelificación (floculación) fuerza las partículas en conjunto para que formen flóculos y la velocidad de cizalladura durante el flujo de la suspensión puede romperlos nuevamente. En las suspensiones de contenidos altos de sólidos, los flóculos son el primer paso en el proceso de gelificación. Los flóculos pequeños se forman, luego se hacen más grandes y todos se combinan entonces para formar estructuras tridimensionales grandes de gel.

Histéresis – En un reograma (representación gráfica del comportamiento viscoso), la histéresis se detecta cuando el trazo del reograma del viscosímetro durante la aceleración en un rango de velocidades de cizalladura, difiere del trazo del viscosímetro durante la reducción de la velocidad (desaceleración) en ese mismo rango de velocidades de cizalladura. Ésta es una indicación de que la suspensión que se está midiendo da muestras del carácter reológico dependiente del tiempo, tixotrópico o reopéctico.

Historia de la cizalladura*tiempo – los comportamientos pertenecientes a la tixotropía y reopexia dependen de las intensidades de cizalladura impuestas y a la duracion de dichas exposiciones. Como tal, se conocen como reologías dependientes del tiempo. La historia de las velocidades de cizalladura*tiempo es una vía para medir tanto la intensidad como la duración de la exposición de la cizalladura. Es el área bajo la curva de velocidad de cizalladura contra el tiempo.

Lodos (*slurry* en Inglés) – Un lodo es una suspensión que contiene sólo un ingrediente mineral. Lodo de arcilla, lodo de caolín y lodo de carbón son ejemplos de suspensiones que contienen sólo arcillas, sólo caolín, y sólo carbón, respectivamente.

Obstrucciones dilatantes – Cuando las partículas en la suspensión chocan debido a la dilatancia y la tal dilatancia es bastante severa como para causar que las partículas se traben mecánicamente en una obstrucción relativamente seca y porosa que las bloquea y con eso la suspensión para de fluir, la obstrucción se conoce como una *obstrucción dilatante*.

Pasta (*slip* en Inglés) – Una pasta es una suspensión de materiales cerámicos que contiene varios ingredientes. Cuando todos los ingredientes de una pasta están presentes, la suspensión se puede describir como una pasta ensamblada. Vea también **Barbotina**.

Poli electrolito aniónico – Muchos aditivos orgánicas (defloculantes) tienen estructuras poliméricas con muchos cationes iónicos a lo largo de sus longitudes. Cuando los cationes se ionizan y se van en solución, la estructura que queda es una larga cadena orgánica con muchos sitios cargados negativamente en toda su longitud. Estos tipos de aditivos se conocen como *poli electrolitos aniónicos*.

Principio de dilatancia – El comienzo del dilatancia es la velocidad de cizalladura a la que una suspensión comienza a exhibir el carácter dilatante. A todas las cizalladuras de mayor valor que el comienzo de la dilatancia, las suspensiones expondrán las propiedades de reología dilatante.

Punto IsoEléctrico (IEP) – El IEP de un mineral es el pH al que una suspensión de partículas con sus superficies limpias, tienen cero carga electrostática superficial. Las partículas con superficies limpias son las que no están cubiertas por aditivos que pueden alterar las cargas electrostáticas superficiales medidas. Generalmente, las partículas expondrán las cargas positivas de superficie a pH de valores menores del IEP y cargas negativas de superficie a pH de valores mayores que el IEP.

Reograma – Los reogramas son gráficos del esfuerzo cortante contra velocidad de cizalladura, de la viscosidad aparente contra la velocidad de cizalladura, del esfuero cortante contra el tiempo, o de la viscosidad aparente contra el tiempo, para los fluidos, las suspensiones, y pastas que se usan en procesos de formación de piezas. Los reogramas se usan para caracterizar las reologías (los comportamientos de la viscosidad) de las suspensiones como funciones de la velocidad de cizalladura y el tiempo.

Reología – Reología es el estudio de los comportamientos viscosos de los fluidos y suspensiones como funciones de la velocidad de cizalladura y del tiempo. Los fluidos simples se caracterizan por presentar una viscosidad única, pero existen muchos fluidos y suspensiones caracterizados por viscosidades que varían a medida que se someten a cizalladura a diferentes velocidades y con duraciones variables. La reología cuantifica los varios tipos de comportamientos de la viscosidad.

Reología Bingham – La reología Bingham se caracteriza por un comportamiento lineal de esfuerzo de cesión contra la velocidad de cizalladura después que el esfuerzo de cesión ha excedido el valor de mínimo de la cedencia y el flujo comienza. Matemáticamente, la reología Bingham es el comportamiento newtoniano más un esfuerzo de cesión.

Reología de adelgazamiento con la cizalladura – Los fluidos que exponen las viscosidades aparentes decrecientes a medida que las velocidades de cizalladura crecen, son ejemplos de la reología de adelgazamiento por cizalladura. Vea también **Reología seudo plástica**.

Reología de espesamiento por cizalladura – Los fluidos que exhiben viscosidades aparentes crecientes a medida que las velocidades de cizalladura aumentan, son ejemplos de la reología de espesamiento por cizalladura. Vea también la **Reología Dilatante**.

Reología dependiente del tiempo (DT) – Las dos reologías dependientes del tiempo, tixotropía y reopexia, son respuestas con el tiempo a las velocidades de cizalladura que se imponen al fluido. Las viscosidades finales no se alcanzan instantáneamente, sino que se requiere de tiempo a una velocidad de cizalladura fija, para que las suspensiones alcancen las condiciones del equilibrio (y las viscosidades fijas sean relativamente estables.)

Reología dilatante – Esta forma de la reología también se conoce con el nombre de espesamiento por cizalladura. Las viscosidades medidas crecen a medida que se aumentan las velocidades de cizalladura debido a la dilatancia. Durante el flujo, las partículas chocan y como esas colisiones se intensifican a medida que las velocidades de cizalladura crecen, las viscosidades aparentes también crecen.

Reología dilatante con esfuerzo de cesión – Esta es una reología dilatante (espesamiento de cizalladura) que presenta un esfuerzo inicial de cesión. Esta reología es verdaderamente importante dentro de los sistemas de procesamiento cerámico. Vea la **Reología dilatante**.

Reología independiente de tiempo (IT) – Las seis reologías independientes del tiempo: seudo plástico, seudo plástico con esfuerzo de cesión, newtoniano, dilatante, Bingham, y dilatante con esfuerzo de cesión, pueden ocurrir independientemente del tiempo de exposición al esfuerzo. Estos comportamientos no son dependientes del tiempo, así que sus efectos deben ser visibles inmediatamente después de haber impuesto una velocidad de cizalladura.

Reología newtoniana –   Los fluidos simples son ejemplos de esta reología newtoniana. Cada uno tiene una viscosidad característica única a pesar de las condiciones de cizalladura aplicadas. La reología newtoniana se caracteriza por son ejemplos de fluidos newtonianos. La reología newtoniana es caracterizada por reogramas lineales de esfuerzo contra deformación que comienzan en el origen. Los fluidos newtonianos no tienen esfuerzo de cesión, dado que una viscosidad newtoniana única caracteriza a cada fluido simple, entonces la velocidad de cizalladura a la que la medición de viscosidad se hace es poco importante.

Reología no newtoniana – Todos los fluidos que no exhiben la reología newtoniana se consideran *no newtoniano*. Las viscosidades aparentes de todos los fluidos no newtonianos varían a medida que las velocidades de cizalladura aplicadas o el tiempo de la aplicación de las cizalladuras, varia.

Las reologías no Newtonianas incluyen reologías dilatantes, seudo plásticas, Bingham, dilatantes con esfuerzo de cesión, seudo plásticas con esfuerzo de cesión, tixotrópicas, y reopécticas.

Reología seudo plástica – También conocidas con el nombre de *reología de adelgazamiento*, en la reologías seudo plásticas disminuye la viscosidad a medida que las velocidades de cizalladura aumentan. Un flujo de una suspensión seudo plástica en un tubo tendrá una viscosidad aparente inferior cuando se está haciendo fluir rápidamente, que si se hace mover a una velocidad de flujo inferior.

Reología seudo plástica con esfuerzo de cesión – Ésta es un reología seudo plástica (de adelgazamiento por cizalladura) que presenta un esfuerzo de cesión. Vea **Reología seudo plástico**.

Reómetro – Tal como un viscosímetro sirve para medir las viscosidades, un reómetro se usa para medir reologías. Para que un viscosímetro pueda describirse como un reómetro, debe ser capaz de medir viscosidades como funciones de las velocidades de cizalladura y el tiempo.

Reopexia – Esta forma de la reología se caracteriza por el aumento de las viscosidades medidas con el tiempo a una velocidad fija de cizalladura.

Separación Ínter Partícula (SIP) o **Espacio entre particulas (InterParticle Spacing – IPS** – en Inglés) – El SIP es la distancia media entre partículas en una suspensión. Generalmente, a medida que el SIP crece, la viscosidad medida disminuirá.

Sinéresis – La sinéresis ocurre durante estados de demasiada floculación. No sólo se forman estructuras de gel, sino que las fuerzas atractivas son tan fuertes en los sistemas sineréticos que las estructuras se densifican con el tiempo y se expulsan los fluidos inter partículas a la superficie de la estructura de gel.

Tasa de cizalladura – El tasa de cizalladura, a veces conocida como *velocidad de cizalladura*, es el gradiente de velocidad impuesto sobre un fluido o suspensión durante la cizalladura. Tiene unidades de velocidad/tiempo, tal como (cm/sec)/cm, que se simplifican como los segundos recíprocos (el inverso del tiempo): 1/segundo, o simplemente s^{-1}.

Tixotropía – Esta forma de la reología se caracteriza por la disminución con el tiempo de las viscosidades medidas a una velocidad fija de cizalladura.

Viscosidad – Viscosidad es definida como la relación de esfuerzo cortante con velocidad de cizalladura que caracteriza el comportamiento de fluidos y suspensiones. Los fluidos de alta viscosidad son los fluidos relativamente viscosos y que fluyen lentamente tal como melaza. Los fluidos de viscosidad baja son los fluidos relativamente "líquidos" y que fluyen rápidamente, tal como agua.

Viscosidad aparente – La viscosidad aparente de una suspensión es la relación del esfuerzo de cesión medido contra la velocidad de cizalladura impuesta. En cada conjunto diferente de condiciones de cizalladura, una suspensión no newtoniana tendrá una viscosidad aparente diferente. A cada conjunto de condiciones de medición, se puede decir, "La suspensión *parece* tener una viscosidad particular." Esa viscosidad es la viscosidad *aparente*. La viscosidad aparente se debe acompañar por la velocidad de cizalladura a la que se mide. Decir que una suspensión tiene una viscosidad aparente de 1000 mPa-s no tiene sentido; la medida se vuelve significativa cuando también se especifica la velocidad de cizalladura de las condiciones de medición. Por ejemplo, "La viscosidad aparente de la pasta es 1000 mPa-s **a 100s^{-1}**," es una declaración válida y una información útil.

Viscosidad dinámica – La viscosidad dinámica es la relación del esfuerzo y la deformación de un fluido en movimiento.

Viscosímetro – Un viscosímetro es un instrumento que puede medir viscosidad.

Viscosímetro capilar – Un viscosímetro capilar mide viscosidades mediante la medición de la caída de presión que ocurre cuando los fluidos se bombean por tubos largos con diámetros pequeños (tubos capilares).

Viscosímetro de cono y placa -- Este tipo de viscosímetro rotatorio mide la viscosidad de fluidos en el espacio que hay entre un cono invertido que rota sobre una placa estacionaria. Los ángulos entre los conos y las placas pueden ser muy pequeños (fracciones de un grado), así que los volúmenes de las muestras son pequeños. Las condiciones de altas cizalladura pueden alcanzarse y medirse fácilmente en viscosímetros cono y placa.

Viscosímetro de copa y cilindro – Este tipo del viscosímetro rotatorio mide viscosidades de fluidos a medida que ellos se someten a cizalladura en el espacio entre un cilindro de giratorio y una copa estacionaria (o entre una copa giratorio y un cilindro estacionario.) Con los pequeños tamaños de intervalo y altas rpm, en este tipo de viscosímetro se pueden alcanzar condiciones relativamente altas de cizalladura.

Viscosímetro del mar infinito – Esto es un viscosímetro en el que un cilindro rotatorio puede hacer una medición cuando se sumerge en un vaso relativamente grande del fluido o suspensión. El vaso que tiene el fluido o suspensión debe ser relativamente grande, como su nombre lo implica.

Viscosímetro oscilante – Estos tipos de viscosímetros usan una sonda oscilante para medir las propiedades viscosas. Cuando estas sondas se sumergen en suspensiones y fluidos, sus controladores electrónicos manejan sus frecuencias y amplitudes de la oscilación. Los efectos de amortiguamiento de las suspensiones y fluidos en las sondas oscilantes permiten que se calculen las viscosidades.

Índice